2025.9

CONTENTS

輝数遇数 数学者訪問／浜田 忠久（立教セカンドステージ大学）	河野裕昭・里田明美	4
ほのぼのコラム　ひたちのなかの数学問答㊻	伊藤　昇	8
新連載 微分積分学ノート／指数関数の定義	正井秀俊	10
現代数学への誘い──確率微分方程式入門	福泉麗佳	15
高校数学の脈綴り／統計的な推測 ③	鶴迫貴司	21
学校数学から競技数学への架橋／経験を伝える遊歴算家	数理哲人	25
初等数学回遊／シグマっぽい（？）関数	吉田信夫	29
数学証明ショートショート／e は無理数	矢崎成俊	33
A Short Lecture Series 関数論／基本群（その 17）	中村英樹	34
しゃべくり線型代数(102)	西郷甲矢人・能美十三	38
院試で習う大学数理／2025 年度 早稲田大学基幹理工学	柳沢良則	44
4 次元から見た現代数学／極線と調和点列	池田和正	48
BSD 予想から深リーマン予想への眺望／統計力学的数論のすすめ ～リーマン予想と佐藤–テイト予想を超えて❶	木村太郎	52
代数幾何入門／ユークリッド幾何学から射影幾何学へ (2)	上野健爾	57
代数学の幾何的トレッキング／正多面体群の不変式	難波　誠	63
高次冪剰余相互法則の探究　クンマーの数論／素因子分解の一意性を問う	高瀬正仁	69
数学の未来史　深淵からの来迎／アーベルの手稿	山下純一	75
2 冊の数学史／地方の偉人を発掘する	三浦伸夫	80
数学の研究をはじめよう／ダブルオイラ完全数　前編	飯高　茂	82
経済学者のリカレント計画／自由貿易が正当化される理由 (1)	中村勝之	86
数学戯評／いろんな国に行ってきた！	伊藤由佳理	3
俺の数学／数学の特質 (9)「結果主義」は数学の敵である	数理哲人	89
数学 Libre／ヤコブ・ベルヌーイの弾性曲線 I	松谷茂樹	90
Dr.Hongo の数理科学ゼミ		92
次号予告		96
精神の帰郷／広義積分再考 ─収束と発散のいろいろ	おぎわらゆうへい	93

表紙／Shinichi Nakanishi

la matematikisto de ĉi tiu monato

(1552?-1626)
Pietro Antonio Cataldi
ピエトロ・アントニオ・カタルディ

今月の表紙

　イタリア・ルネサンス期の数学者．教皇領に属していたボローニャに生まれ，同地で教育を受けた．フィレンツェおよびペルージャで教鞭を執ったのち，ボローニャ大学（Studio di Bologna）において哲学および医学の学位を取得し，イニャツィオ・ダンティの後任として数学および天文学の教授職に就任し，死去するまで約40年間その職にあったが，弟子は確認されていない．カタルディについてはとくに二点が注目に値する．

　第一に，数学教育および数学文化の普及に対する姿勢．彼は数学の大衆化を目指し，当時の学術語であったラテン語ではなくイタリア語（おそらくはボローニャ方言）で講義を行い，著作もイタリア語で執筆した．また，教育的著作を自費で出版し，貧困学生や修道院，教育機関に無料で配布した．さらに，ボローニャに数学アカデミーを設立する構想を抱いていたが，詳細は不明ながら，元老院による禁止命令がでた．自宅に学校を設けるための資金を遺言に残したが，この計画も実現には至らなかった．一方で，彼は独創的著作『平方根を見出す最も簡便な方法』（1613年）を刊行し，これを元老院に献呈している．同書において彼は，無限連分数を用いた平方根近似計算法を大砲の射程距離の計算に利用することを提案している．このように，彼と元老院との関係は対立と協力の両面を含んでいた．

　第二に，数学史上における位置づけである．上記の書籍においてカタルディは，完全数および連分数に関する研究を展開し，とりわけ後者において今日彼の名前は知られている．連分数を代数的手法を用いて近似公式として体系化した上で，「真値に連続的に近づく規則（regole da approssimarsi di continuo al vero）」と述べ，収束性にも言及している．そこで理論数学である連分数論を，軍事技術という応用分野に応用している点は特筆に値する．近代においてカタルディに始まる連分数理論は，オイラーによって一般理論として確立され，さらにラグランジュによって数論への応用を通じて代数学との接点が築かれた．ガロアも「周期連分数に関する定理の証明」（1829頃）においてラグランジュの方法を研究している．

　カタルディは他にも1613-1625年にかけて『原論』（第1-10巻）を「実用への還元」という副題を付けてイタリア語で編纂・出版している．また第5公準に特化した論考『平行線と非平行線についての小論』（1603）を著している．算術・代数学・幾何学・軍事工学・天文学にわたるおよそ30点に及ぶ著作から，17世紀初頭の数学的知の全体像をうかがい知ることができる．

［本文：三浦伸夫］

いろんな国に行ってきた！

伊藤 由佳理

　「いろんな国」の説明はさておき，最初にまずお伝えしたいのは，5月に再びノルウェーに行き，オスロでのアーベル賞授賞式に参列したことです．今回は日本人の柏原正樹先生の受賞式で，その瞬間に立ち会えたのはとても光栄でした．私が大学院生だった時，指導教員の川又先生が「柏原先生の修士論文」のコピーを見せてくださいました．日本語の手書きですが，$\mathcal{D}$ 加群を定義した分厚い論文です．この論文を読むために日本語を勉強した外国人がいるという話も聞きました．今回の受賞式は，柏原先生の代数・解析・幾何など広範囲にわたる壮大な研究の世界と，数学研究への絶え間ない情熱に触れることができ，とても刺激的でした．

　さて「いろんな国」とは万国博覧会です．なあんだと思われる方もいらっしゃるかもしれませんが，日本でいろんな国を一気に見られる貴重な機会でした．私は急に思い立って行ったので，人気のある国のパビリオンにはほとんど行けませんでした．逆になかなか行く機会が無い国の展示をたくさん見ることができ，とても面白かったです．そしてそれぞれの展示や接客に，お国柄がよく出ていて，日本にいながら，異なる文化体験もできました．最近，日本の観光地には海外からの観光客が増えていますが，万博会場だけはほとんど日本人でした．もっとも日本語とその国の言葉だけの説明のパビリオンも多く，あまり国際的ではありませんでした．

　比較的朝早くに行ったので，ドイツ館にはすぐに入れました．日本風のかわいいキャラクター人形を手渡され，それを展示パネルに近づけると，人形の口から解説が流れてきます．その人形たちがいろんな色に光って，会場を華やかにしていました．展示内容はドイツらしく，環境に配慮した様々な社会システムの説明で，すべての解説を聞いたら半日潰れそうなくらい盛りだくさんでした．後日，その人形同士をくっつけると会話を始めるという噂を聞きましたので，これから行く方はぜひ試してみてください．

　大人気のパビリオンのひとつであるフランス館にも行きました．ほとんどの展示は世界的に有名なブランドによるもので，それはそれで豪華で圧巻でした．ただ私の目的は期間限定で友人が関わっている展示でした．彼女は海洋環境を調査する船に関わっており，その船で芸術活動をしたアーティストによる作品が展示されていました．海獣という魚の形をした大きな作品に，想像上の楽しい絵だけでなく，いま海が抱えている環境問題に関する絵も描かれていました．いろんな国のパビリオンに行きましたが，環境をテーマにした展示をたくさん見かけました．

　数学と音楽の活動をされている中島さち子さんがプロデューサーのクラゲ館にもお邪魔しました．パビリオンの建築にも，音を出して楽しめる展示物の仕組みにも，数学的な要素が入ったものがあり，彼女は「この展示を万博後にもどこかに残したい」と言っていました．科学館などで再利用されたら，数学を使って遊べる展示になっていいなあと思います．

　コモンズという名のパビリオンには，複数の国が入っていて，熱気溢れる見本市のようでした．日常生活を紹介していたり，名産品を並べていたり，民族衣装があったり，小さなスペースにたくさんのものが詰まっていました．子どもは私たちの宝物です！と教育の大切さを展示する国があったり，馬に乗った人々の勇壮な映像が流れる騎馬民族の国があったり，美しい海の映像が流れている国もありました．日本との関わりの説明の中には新たに知ることも多く，様々な価値観や文化を楽しむことができました．

（いとう　ゆかり
／東京大学 カブリ数物連携宇宙研究機構）

数学者訪問 87

輝数遇数

浜田 忠久

代数学／数論
（立教セカンドステージ大学）

● 写真＝河野裕昭
● 文＝里田明美

立教大学の社会人向け「立教セカンドステージ大学」で週1回、数学を教える。日常生活と数学との接点を探り、約30人の受講生に魅力を伝える。自身も生涯数学を学び続ける「数学人」でありたいと思っている。

$0.9 = 1 - \frac{1}{10}$

$0.99 = 1 - \frac{1}{100} = 1-$

$0.999 = 1 - \frac{1}{1000} = 1-$

$0.\underset{n}{\underbrace{999\cdots}} = 1 - \frac{1}{10^n}$

授業で使う題材は，少年が夢の中で数の悪魔と出会い，数の魅力に触れていくベストセラーの数学読み物『数の悪魔』（エンツェンスベルガー著）だ．0の重要性，素数，フィボナッチ数列，極限……．授業は毎回2章ずつ，難しい言葉を使わずひもといていく．

「数学は誰もが認めることから始めて理論を積み重ねる．数学の世界では，例えばΣのように，分かり合っていることはシンプルに短くいうために記号を使うのです」

ある日の授業では，豊臣秀吉にまつわる有名な逸話を紹介した．米を褒美として1日目に1粒，翌日に2粒，さらにその翌日に4粒……と，日ごとに倍増させて1カ月間与えるという話で，30日後には10億粒を超える計算になる．この計算を板書で示したうえで「人間の直感は直線的なものを想像しがちだが，数学はその誤りを補正してくれる役割がある」と語りかけた．

少年時代から独学を楽しむ

こうした数理の根本に触れることを意識した授業の背景には，数の規則性をとことん考え抜いた独学の歩みがある．少年時代のエピソードが興味深い．

小学3年のとき，足し算の繰り返しがかけ算なら，かけ算の繰り返しの演算があってもいいのではないかと思った．それを六つ上のいとこのお姉さんに伝えると，「それは累乗っていうんだよ」と教えてくれた．ついでに平方根や立方根の話もしてくれて，数学への興味が大きく膨らんだという．

6年生のときには，1から順番に2乗の数を紙に書き出していった．1, 4, 9, 16, 25, 36, ……．数が増えるほど，急激に増えていく．その背景には，いったい何があるのだろう──．

思いつきで差を取ってみると，3, 5, 7, 9, 11と奇数が並んだ．差はすべて2．同じようにして3乗の数の差を3回取ると6が並び，4乗して4回差を取ると24がずらりと並んだ．「これは面白い！ でもこの2, 6, 24, ……って，いったい何だろう？」．当時，数列も階乗も知らなかったが，目の前の数の規則性をなんとか自分なりの言葉にしてみた．

「1, 2, 3, 4, ……という数を次々に，『ある数』だけ累乗して並べる．その隣同士の差を取り，差を取ることを『ある数』と同じ回数だけ繰り返すと，すべて同じ数が並ぶ．その数は，『ある数』の一つ前の数で行なったときに並んだ数に『ある数』をかけた数になっている！」

言葉にした瞬間，全身に稲妻が走ったような衝撃があった．当時はそれ以上短く説明することはできなかったが，自分なりに工夫して独力で見つけたという手応えがあった．のちに階乗を学んだとき，これらの言葉をシンプルに表現できるのが数学の記号なのだと知った．

「フェルマー予想」に挑戦

小学生から中学生にかけては，循環小数の背後にある仕組みに始まり，学校で学ぶ算数や数学の根底に潜む法則を自分で見つけては楽しんでいた．中学生のときにはそれらのアイデアを拡張して大学ノートにまとめるようになり，3年間で3冊の数学ノートができた．そのノートは，自身にとっての「数学の宝箱」のような存在だったという．

本もたくさん読んだ．中でも大きな影響を与え

たのが中学1年のときに出合った矢野健太郎の『数学の考え方』だ．古代から現代までの数学の思考の系譜を紹介し，数学とは拡張と一般化の連続であることに気付かせてくれた．同時に雑誌『現代数学』『数学セミナー』とも出合い，早速購読を始めた．高木貞治の『解析概論』も3週間かけて読んだ．実数の連続性という概念が，微積分の壮大な理論体系へとつながっていく過程を追いながら，自分の中に数学の宇宙が構築されていくような感覚を覚えた．

高校1年のときには，当時未解決だった「フェルマー予想」に1カ月間取り組んだ．自ら構築した理論を「数の折り畳み理論」と名付け，それを使って解決を試みた．3次の場合の証明まではできたが，4次以上はできなかった．集中して考え続けたせいか，最後は高熱が出てやめざるを得なかった．

こうした異才ぶりを発揮していた少年時代．当然のように将来は数学者を目指すようになったが，環境がそれを許さなかった．

瀬戸内海にある広島県の大崎上島の出身．高校3年の1月のある出来事で，大学院進学が許される境遇ではないと悟った．そのため，将来の目標を数学教師に変更し，東工大の数学科へ進学した．

だが，そう簡単に夢を諦められるわけではない．大学ではサークルの先輩の勧めで，1年後期に2年生向けの代数学と幾何学の授業を受けた．

代数学演習の授業で「もし解けたら提出してほしい」として出された挑戦課題が，偶然にも「フェルマー予想」の3次の場合の証明だった．高校1年ですでに取り組んだ問題．そのときのアイデアをレポートにまとめて提出したところ，担当教官が「これは私の知らない証明だ」と褒めてくれ，共同研究を提案された．しかし，大学院進学は自らの境遇では難しく，断らざるを得なかった．研究室もあえて数論とは離れた応用分野であるパターン認識を選んだ．

卒業後はNECに就職．半導体グループに所属し，言語処理系やコンピューター利用設計（CAD）システム，インターネットなどの研究開発，教育に携わった．数学とは付かず離れずの状態が続いた．

50代後半に思いが再燃

転機となったのは，ある日，書店で久しぶりに手に取った『数学セミナー』だった．中学・高校の頃，挑戦した「エレガントな解答をもとむ」が今も続いていると知り，再び取り組んでみることにした．数学の問題を考える力がどれくらい残っているのか，確かめたかった．

投稿を続けるうちに，若い頃と同じ感覚に戻ったと感じた．数学を考えているとき，ふと浮かんだ問題にも取り組み，証明を試みるようになった．すでに誰かが証明しているかどうかは重要ではない．大事なのは「自分で考え抜いて，数学的真理に到達すること」．そのプロセスこそが，数理的思考を育むのだと信じている．

NEC時代にも，こんな出来事があった．「ピタゴラス音律」を用い，演奏に応じて美しい和音が得られるよう調整するピアノを考案した．そのなかで，ピタゴラス音律を拡張する過程で自然に導かれた命題があったが，最近になってそれが「三距離定理」として知られる定理と一致していることを知った．音律の構成法から当然の

ように出てきた命題だったため，当時は特に意識していなかったが，20世紀後半になってようやく予想として提示されたものだと知り，驚きを覚えた．

「数学的真理を知る喜びは，人から教わるよりも自分で見つけたほうが断然大きい」．探究の姿勢は，少年時代から変わらず今も続いている．

いろんな経験が糧となり

2015年からは，代数幾何学の権威である飯高茂さんの講座に参加し，ほかの受講者と勉強会を重ねてきた．「エレガントな解答をもとむ」の常連解答者仲間ともつながり，3年前には『数学セミナー』の掲示板で見つけた「《社会と数学の関わり》を話し合う数学人の集い」に加わった．日本数学協会の会員にもなり，雑誌『数学文化』にエッセーを寄稿するなど，多角的に数学と関わっている．

別の活動として，1993年にNPO「市民コンピュータコミュニケーション研究会」を有志とともに設立し，代表を務める．1980年代，会社の研究所でインターネットを使い始めたとき，「一般の人々も使えるようになれば，個人が変わり，組織が変わり，社会が変わる」と直感し，活動を始めた．1991年の湾岸戦争では，報道される情報と，ネットで得られる現地発信の情報に違いがあると感じた．「ペルシャ湾の命を守る地球市民行動ネットワーク」にボランティアで関わったことを機に，非政府組織（NGO）のグローバルなネットワーク「進歩的コミュニケーション協会（APC）」の存在を知った．NPOはその日本拠点として立ち上げた団体だ．

そのような社会問題に目を向けるきっかけの一つは，中学3年のときに『現代数学』に掲載された梅林宏道さんの「〈純粋〉科学者とゲリラ戦争」という記事を読み，そこで紹介されていた『ぷろじぇ』を購読したことだ．山口幸夫さん，高木仁三郎さん，梅林宏道さんたちが主宰する同人誌で，ベトナム戦争をはじめとして科学者・技術者の社会的責任について深く考えるようになった．

現在65歳．「回り道して，いろんな経験があって今がある」と実感する．若い頃に数学研究者の道を断念したが，再び数学に打ち込めるようになり，「こんなふうに戻れるとは思わなかった」と笑顔で語る．

立教セカンドステージ大学の授業でも，受講生からの質問は気付きの連続だ．数学の知識も人生の歩みも異なる受講生たちの問いに耳を傾け，受け止めながら，より多くの人に伝わる言葉を選んで返す．そこに授業の難しさと面白さがある．

そして，もう一つのライフワークがある．小学生のころから親しんできたパズルゲームから派生して作った数学の問題だ．

5本の同じ長さの線分で星形（等辺10角形）をつくれるが，n本の線分で構成できる等辺多角形の最大の辺数はいくつだろうか——．特に気に入っているのは，中学1年のときに見つけた10本の線分でつくる等辺25角形．現時点では，この25が最大ではないかと考えているが，「数学人」としての証明はこれからだ．

（こうの ひろあき／フリー・カメラマン）
（さとだ あけみ／中国新聞社）
［誌面基本レイアウト：海保 透］

浜田 忠久（はまだ・ただひさ）
1959年広島県木江町（現・大崎上島町）生まれ．広島県立呉三津田高校卒業．83年東京工業大学理学部数学科卒業．東京大学大学院学際情報学府博士課程満期退学．83年NEC入社．2003年に退職．現在，特定非営利活動法人市民コンピュータコミュニケーション研究会代表など．

ほのぼのコラム
ひたちのなかの数学問答 ㊻

伊藤 昇
挿絵：MiriKulo:rer

8月の半ばを過ぎると暑さは一区切り，そんな形容がよく似合うのが信州の夏である．そこからは，夕方急にひんやりとしたり，暑くなったりを繰り返していくように感じられる．そうして涼しい夕方が長くなるにしたがって，思考が深まる季節が到来するのである．そんなことも関係しているのか，みぃさんも，ちょっと気難しい顔をしていた．

1. 結び目の線形空間

み 2つの結び目に足し算の記号が書いてあるのを見かけるのですが，あれは一体なんですか？

伊 足し算が書かれる時というのは，線形空間の元として考える時が多いですね．

み ええ！？結び目が線形空間の基底になったりするのですか？それって結び目がベクトルってことになりますよね？

伊 はい．そうなりますね．

み そうなると無限次元の線形空間ですね．何かいいことあるんですか？

伊 むしろ，いいことが多いですよ．無限次元の空間でも部分空間で有限次元のものは考えられます．

み 由緒正しいものはあるんですか？

伊 もちろんです．もともと「**ガウスワード表記**」といわれる方法があって，平面曲線の情報を現代風に言えば「**コード化した**」ということになります．

み へぇ～．例えば figure-eight knot の射影図はどうなりますか？描いてみます．

伊 その図は4交点ありますから $\{A, B, C, D\}$ を用いて，基点から曲線に沿って ABCDBADC と読めます．同じ文字がちょうど2回現れる文字列を**ガウスワード** (Gauss word) と呼びます．文字の取り替えで移り合うガウスワード w, w' は同型とします．この同型による同値類を強調するときには $[w]$ と書きます．紐の上下の区別を文字に反映したりもします．

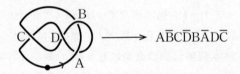

みぃさんの絵に基点と文字が付け加わった．

み それで…，結び目の線形空間を考えるんですね！

伊 そうです．そのことによって結び目の不変量を作りやすく，あるいは表示しやすくします．例えば，4文字以下からなるガウスワードがなす線形空間は，有限次元ですから，その双対 (線形) 空間から**うまく元を選べば**，結び目不変量も得られます．

み 双対空間とは，定義域を線形空間 V，値域を体 k とする線形写像全体として定義される線形空間ですね？

みぃさんは黒板に数式を書き出した．

2. 不変量とナノワード

み 線形空間 V の基底 $v_1, v_2, \cdots, v_n$ の双対基底は

$$v_i^*(v_j) = \begin{cases} 1 & (i = j) \\ 0 & (i \neq j) \end{cases}$$

という条件で定義されるのでした．これは内積 $v^*(\cdot) = (v, \cdot)$ を表しているとも見なされます．

伊 この内積を符号付きのガウスワードに応用すると結び目不変量が得られることが知られています．例えばガウスワード $\overline{X}Y X \overline{Y}$ の文字 X, Y への符号 $\pm$ の振り方は4通りですから文字に添えて，$\overline{X}_+ Y_+ X_+ \overline{Y}_+$, $\overline{X}_+ Y_- X_+ \overline{Y}_-$, $\overline{X}_- Y_+ X_- \overline{Y}_+$, $\overline{X}_- Y_- X_- \overline{Y}_-$ となります．これらを順番に $v_{++}, v_{+-}, v_{-+}, v_{--}$ として考えた式

$$\sum_{z \in \mathrm{Sub}(G_K)} (v_{++}^* - v_{+-}^* - v_{-+}^* + v_{--}^*, G_K)$$

は結び目不変量となることが歴史的に知られています．ここで G_K は基点付き結び目 K から得られるガウスワード，集合 $\mathrm{Sub}(G_K)$ の元 z はガウスワード G_K からいくつかの文字を消してできる文字列です．

み えーっと，結び目の交点の over-path と under-path の関係が ↗↘ のときを正とし，↘↗ のときを負とする符号ですね．ガウスワードは結び目の交点ごとに文字を与えておいて，基点から始めて交点を通るたびに文字を読んでいくのですね．符号の情報は付加するんですか？

伊 より一般に，α を集合とする α-アルファベット $\mathcal{A}$ とは写像 $|\cdot|: \mathcal{A} \to \alpha$ を持つ集合として定義し，この元を文字として用いるガウスワードを**ナノワード**と呼びます．すると，α の**相当特殊な1例**として $\alpha_* = \{a_\pm, b_\pm\}$ が考えられ，**すべての結び目**

射影図を記述します．先ほどの figure-eight knot もです．

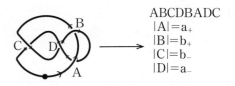

み 符号以外の a, b とは何の情報でしょう？

伊 交点（↗↘ または ↘↗）をなす2つの矢線ベクトルの順序によって決まる2タイプで，intersection number と呼ばれるものです．この a, b の2種類も読み取ることで，紐の上下を含め，結び目の情報を全てコード化してしまうのです．

み 文字から図を回復するなら a, b は確かに必要ですね．

伊 ええ，ただしジョーンズ多項式を作るためには a, b なしで構成できることが知られていますが，そうでなかったり未解明のものも多いです．一見複雑そうですが，みぃさん，どうでしょう．興味を感じますか？

み ええ，もちろん！

（いとう のぼる／信州大学工学部）

微分積分学ノート
第1回
指数関数の定義

正井 秀俊

はじめに

本ノートは東京工業大学（現，東京科学大学）における1年生教養科目「微分積分学第一」（前期）と「微分積分学第二」（後期）で2021年〜2022年に用いたものである．語り口は独特である（正井はこの書き方しかできない）が，内容は当時の東工大のシラバスにピッタリ沿っている．

東工大では前期に"計算の仕方"を習得し，後期に"微分積分の厳密性の初歩"を学ぶ．そのため，前期においては厳密性をどこかに"隠す"必要がある．本ノートにおいては，前半では「平均値の定理」は与えられたものとして議論をしている．実数の連続性など，初学者がとっつきづらい要素は「平均値の定理」のなかにほぼすべて隠すことができているはずである．

平均値の定理は高校数学でもどこからか"与えられる"ものであり，高校数学からの連続性としても悪くないと信じる．そして，後期において実数や関数の連続性を ϵ–δ 論法を用いて理解し，平均値の定理を確かなものにする．平均値の定理は先送りにし，語り口こそ"ゆるめ"ではあるが，その他の使用する定理にはできる限り，きちんと証明をつけてある．

2020年から2021年にかけて，著者はオンライン授業の取りまとめをしていた関係で，たくさんの数学授業を聴講した．東工大の先生方の数学授業は大変おもしろく，本ノート作成にあたってとても参考になった．当時，様々な形でご協力くださったみなさまにはこの場を借りて，いま一度感謝を申し上げたい．

指数関数の定義について，もう一度考え直すところからはじめよう．

1.1 $3^{\sqrt{2}}$ はいくつ？

指数関数の定義は知ってる，はず．例えば，微分 $(e^x)' = e^x$ はみんなできるはずだ．ネイピア数 e は大体 2.71828182846 と習った．正確な定義は $e := \lim_{x \to \infty} \left(1 + \frac{1}{x}\right)^x$ だ[※1]．（底を e とする）対数関数 $\log$ を使えば a^x は $(e^{\log(a)})^x = \exp(x \log(a))$ と書ける．だから僕らは一応，どんな指数，例えば $3^{\sqrt{2}}$ だって知っているはずだし，"計算できるはず"なのだ．

では，指数関数の定義は何か？調べてみるといくつかパターンがあるようだ．とりあえず指数の性質をまとめておこう．

- $a^0 = 1$,
- $a^n \times a^m = a^{n+m}$,
- $(a^n)^m = a^{nm}$,
- $a^{-n} = \dfrac{1}{a^n}$.

この n, m が自然数，もしくは整数ならば上の性質は直感的だ．指数関数の定義として一般的なのは，まずこれらの性質から「有理数乗 $a^{n/m}$」を定義する方法だ．つまり $a^{1/n}$ を $(a^{1/n})^n = a$ となるように定義し，その m 乗として $a^{m/n}$ を定義する．そして実数 $r \in \mathbb{R}$ に対しては r を近似していく有理数列 $\{q_n\} \subset \mathbb{Q}$, $q_n \to r$ を考え，
$$a^r := \lim_{n \to \infty} a^{q_n}$$
として a^r を定義する方法だ．

原理的には $3^{\sqrt{2}}$ の値が求められるはずだ．では「実際」の値は幾つだろうか？計算機に聞くと，大

[※1] 記号「$:=$」は「右辺で左辺を定義する」の意味．「$\stackrel{\text{def}}{=}$」などとも書く．

体「$3^{\sqrt{2}} \approx 4.728804...$」だという．どうやって求めるのだろうか？

1.2 気になる点

指数関数の定義にはいくつかごまかしがある．例えば $a^{1/n}$ の正確な定義．これには「逆関数」の理解が必要だ．また実数 $r \in \mathbb{R}$ へ近づく有理数列 $\{q_n\} \subset \mathbb{Q}$ は無限に存在する．どのような近づき方をしても，必ず $a^{q_n} \to a^r$ となるだろうか？こちらは厳密にはお話しできないが，「実数の連続性」が大切だ．実数の連続性の定式化をすると，大学入試で大人気の「はさみうちの原理」にも証明がつけられる．

逆関数はこれから詳しく解説していく．実数の連続性は……後半に少し．でも本気のところは数学科に行くなどしないと教えてもらえないことになっているので紹介程度に留める．マニアックなことは確かで，上手に使えるようになることが大事だと思う．

おはなし 1.1.

指数関数がよくわからなくなり，そのために逆関数の話を始めようとしているところではあるが，少しだけ休憩．ウェーバー・フェヒナーの法則（Weber-Fechner law）は，こう主張する「人間の感覚は対数である」．音の大きさで知られる「デシベル (dB)」は，ざっくりいうと音の強さが 100 倍になると 20dB 増える．つまり音の強さの対数がデシベルである（地震の"揺れの強さ"，マグニチュードも対数だ）．人間の感覚が対数であることを身近に体感するのは「金額」が良い．1000 円と 2000 円はとても違うが，1 億 1000 円と 1 億 5000 円は"ほとんど同じ"に感じる．これほど極端でなくとも，例えば一人暮らしをしようと家を借りるとき，敷金礼金，そして一ヶ月分の家賃で……と初期費用が膨らんで目が眩んだところに，謎の「○×サービス」で 2 万円くらいこっそり上乗せする業者が多いのはこの感覚を利用している．35 万円と 37 万円だと"同じくらい"に感じてしまうのだ．

1.3 区間

実数 $a < b \in \mathbb{R}$ に対して

- 開区間 $(a, b) := \{x \in \mathbb{R} \mid a < x < b\}$
- $(a, b] := \{x \in \mathbb{R} \mid a < x \leq b\}$
- $[a, b) := \{x \in \mathbb{R} \mid a \leq x < b\}$
- 閉区間 $[a, b] := \{x \in \mathbb{R} \mid a \leq x \leq b\}$

上の定義は $a = -\infty$ や $b = \infty$ としても良い．例えば

- $\mathbb{R}_{\geq 0} := \{x \in \mathbb{R} \mid x \geq 0\} = [0, \infty)$
- $\mathbb{R}_{> 0} := \{x \in \mathbb{R} \mid x > 0\} = (0, \infty)$
- $\mathbb{R}_{< 0} := \{x \in \mathbb{R} \mid x < 0\} = (-\infty, 0)$
- $\mathbb{R}_{\leq 0} := \{x \in \mathbb{R} \mid x \leq 0\} = (-\infty, 0]$

などが（記号を含めて）頻繁に用いられる．

1.4 逆関数

なんとなく実数 $r \in \mathbb{R}$ に対して a^r の定義の仕方を見た．だが実はまだ，自然数 $n \in \mathbb{N}$ に対して $a^{1/n}$ の定義ができることを確認していない．正確に定義をするには逆関数を定義する必要がある．関数というのは，実数を値として持つ写像であり，「同じ入力に対して，いつでも同じ出力を返す」というとても重要な性質を持つことを思い出してほしい．

定義 1.2 X, Y を区間とする．関数 $g: Y \to X$ が関数 $f: X \to Y$ の**逆関数**であるとは

- $g \circ f: X \to X$ は $(g \circ f)(x) = x, \forall x \in X$,
- $f \circ g: Y \to Y$ は $(f \circ g)(y) = y, \forall y \in Y$

を満たすことをいう．この逆関数 g を f^{-1} とかく．

例 1.3 次の問題を考えてみよう．

- 関数 $f: \mathbb{R} \to \mathbb{R}$ を $f(x) = 2x - 5$ で定める．この f の逆関数を求めよ．

▶**解説** 逆関数を求めるには $y = f(x)$ とした式を，x について解けば良い．つまり

$$y = 2x - 5 \iff x = \frac{1}{2}y + \frac{5}{2} \tag{1.1}$$

と計算して，$g(y) = \frac{1}{2}y + \frac{5}{2}$ と定めれば良い．少

し確かめてみよう．合成関数 $f \circ g(y)$ は，$f(x)$ の x のところに $g(y)$ を代入するので

$$f \circ g(y) = f(g(y)) = 2\left(\frac{1}{2}y + \frac{5}{2}\right) - 5$$
$$= y + 5 - 5 = y$$

となる．

式 (1.1) での計算が"何をやっているか"いま一度考えてみるといいだろう．計算の意味を考えることはとても大切だ．式 (1.1) では，y を求めたい値として，$f(x)$ の x がどんな値であれば，$y = f(x)$ とできるか？を計算しているとも言える． ∎

何かしらの関数が与えられたとき，いつでも逆関数は定義されるのだろうか？ まず，どんなときに困るかを考えてみよう．例えば $f: \mathbb{R} \to \mathbb{R}$ を $f(x) = x^2$ で定義する．この関数の逆関数は定義できるだろうか？ 逆関数が定義されるためには，例えば $f(x) = 1$ と教えられた時，x が求まらないといけない．大昔に習ったように $x^2 = 1$ は二つの解 $x = -1, 1$ を持つ．この -1 と 1 に本質的な違いはない．だから「標準的に」どちらかを選ぶことができない．そうなると f^{-1} を「関数として」定義することができない．つまり $f^{-1}(1) = 1$ とする理由も $f^{-1}(1) = -1$ とする理由もないので，「同じ入力に対して，いつでも同じ出力を返す」ものである「関数」が定義できない．一つ目の要請が見えてきた．

定義 1.4 関数 $f: X \to Y$ が**単射**であるとは
$$f(x) = f(x') \Longleftrightarrow x = x'$$
が任意の $x, x' \in X$ に対して成り立つことである．

なお
$$x = x' \Rightarrow f(x) = f(x')$$
は「f が関数である」の意味である．単射性において重要なのは逆
$$f(x) = f(x') \Rightarrow x = x'$$
である．関数が単射であるときは，行き先が同じ，つまり $f(x) = f(x')$ ならば元々 $x = x'$ なので安心して $f^{-1}(f(x)) = x$ と定義できる．

だが，単射性だけだと足りない．今度は $f: \mathbb{R}_{\geq 0} \to \mathbb{R}$, $f(x) = x^2$ を考えよう．前と少しだけ定義を変えた．定義域が $\mathbb{R}_{\geq 0}$ になっている．こうしてしまえば f は単射である（単射性は定義域の選び方で変わりうる性質であることに注意）．しかし，この f に関しても逆関数が定義できない．問題は $f^{-1}(-1)$ など負の数の行き先だ．よく知っているように $x \in \mathbb{R}$ ならば $x^2 \geq 0$ である（今は複素数は考えていないことに注意）．そのため $f(x) = -1$ となるような実数 $x \in \mathbb{R}$ は存在しない．関数は「定義域の全ての点の行き先が，ただ一つ定まる」関係性である．行き先が定義されない点があると関数は定義できない．ここにもう一つの要請がある．

定義 1.5 関数 $f: X \to Y$ は任意の $y \in Y$ に対して，ある $x \in X$ が存在して $f(x) = y$ となるとき，**全射**であるという．

（おまけ）論理式で書くと
$$\forall y \in Y, \ \exists x \in X \ \text{s.t.} \ f(x) = y$$
となる．

関数 f の像 $f(\mathbb{R}_{\geq 0})$ は $\mathbb{R}_{\geq 0}$ である．つまり $\mathbb{R}_{\geq 0}$ の各点 y に対しては $\mathbb{R}_{\geq 0}$ の点 $x (= \sqrt{y})$ がただ一つ定まる．したがって逆関数 $g: \mathbb{R}_{\geq 0} \to \mathbb{R}_{\geq 0}$ を $g(y) = \sqrt{y}$ と定義することができる．まとめると $f(x) = x^2$ という対応は

- $f: \mathbb{R} \to \mathbb{R}$ だと思うと，単射でも全射でもない．
- $f: \mathbb{R}_{\geq 0} \to \mathbb{R}$ だと思うと，単射だが全射ではない．
- $f: \mathbb{R} \to \mathbb{R}_{\geq 0}$ だと思うと，単射ではないが全射である．
- $f: \mathbb{R}_{\geq 0} \to \mathbb{R}_{\geq 0}$ だと思うと，単射かつ全射である．

定義 1.6 全射かつ単射な関数は**全単射**であるという.

さあ，最初の定理を述べておこう.

定理 1.7 関数 $f: X \to Y$ が逆関数を持つ必要十分条件は f が全単射であることである.

証明はこれまでの議論を理解できていれば，明らかであると信じる.

1.5 色々な逆関数

1.5.1 逆三角関数

逆関数の練習として sin や cos の逆関数を考えてみよう．余談だが cos は complementi sinus の略である．「余ったほうの sine」の意味らしい．さてさて，話を戻そう．関数 sin, cos, tan を $\mathbb{R} \to \mathbb{R}$ と思うとどれも全単射ではない．三角関数の逆関数を定義するためには定義域と値域を調整して全単射な領域を探す必要がある．

注意 1.8 すぐわかるように三角関数の定義域と値域の調整の仕方に標準的な方法はない．実際に研究などで使う際は，状況に応じて「適当に」調整する必要がある．ただし，「なんでもいいよ」というとルールが定まらなくて困るので，ここでは「特に理由のない」の意味で「適当に」選んで，そのルールで議論することにする.

定義 1.9 以下のように定義域を制限した三角関数を定義する（開区間，閉区間の定義を思い出してほしい）.
- $\mathrm{Sin}: [-\pi/2, \pi/2] \to [-1, 1]$
- $\mathrm{Cos}: [0, \pi] \to [-1, 1]$
- $\mathrm{Tan}: (-\pi/2, \pi/2) \to \mathbb{R}$

すなわち，指定された定義域の上の x では $\mathrm{Sin}(x) = \sin(x), \mathrm{Cos}(x) = \cos(x), \mathrm{Tan}(x) = \tan(x)$ である.

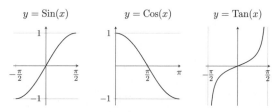

図 1：Sin, Cos, Tan のグラフ.

このように定義すると関数 Sin, Cos, Tan は全て全単射である．グラフから "ほぼ" 明らかであるが自分で確かめてみると良いだろう.

全単射な関数は逆関数を定義できる.

定義 1.10（逆三角関数）.
- $\mathrm{Sin}^{-1}: [-1, 1] \to [-\pi/2, \pi/2]$（逆正弦関数, sine inverse, inverse of sine）
- $\mathrm{Cos}^{-1}: [-1, 1] \to [0, \pi]$（逆余弦関数, cosine inverse, inverse of cosine）
- $\mathrm{Tan}^{-1}: \mathbb{R} \to (-\pi/2, \pi/2)$（逆正接関数, tangent inverse, inverse of tangent）

例 1.11 いくつか具体的な値を与えておこう．$\mathrm{Sin}^{-1}(0) = 0$, $\mathrm{Sin}^{-1}(1/2) = \pi/6$, $\mathrm{Tan}^{-1}(1) = \pi/4$ など，逆関数さえ理解できていれば，高校までの知識わかるはずだ.

演習問題 1.1.

問 1 次の値を求めよ.
(i) $\mathrm{Sin}^{-1}(\sqrt{3}/2)$
(ii) $\mathrm{Cos}^{-1}\left(\sin \frac{3}{10}\pi\right)$
(iii) $\mathrm{Tan}^{-1}(2) + \mathrm{Tan}^{-1}(3)$

問 2 次の方程式をとけ.
- $\mathrm{Cos}^{-1}(x) = \mathrm{Sin}^{-1}\left(\frac{12}{13}\right)$

1.6 双曲線関数

さて，指数関数を定義したかったはずだが，とりあえず e^x は知っていることにして新しい関数を定義しておこう（多くの大学で，このタイミングで紹介されるのだ）.

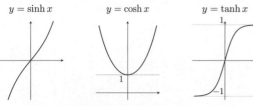

図2：双曲線関数 (sinh, cosh, tanh) のグラフ．

定義 1.12（双曲線関数）．
関数 sinh, cosh, tanh を次のように定義する．
$\sinh(x) = \dfrac{e^x - e^{-x}}{2}$, $\cosh(x) = \dfrac{e^x + e^{-x}}{2}$,
$\tanh(x) = \dfrac{\sinh(x)}{\cosh(x)}$

おはなし 1.13．

双曲線関数は，意外と自然の記述に出てくる．電柱の間に電線を垂らすと，少したわむ．この曲線は cosh で記述できることが知られている．また，制御理論などを勉強する人はラプラス変換などをこれから勉強する．微分方程式などを多項式にして解く手法だが，双曲線関数が便利なことも多いようだ（専門外なので詳しくはない）．

そして何より，正井の専門である「双曲幾何学」において，双曲線関数は大活躍をする．「平行線の公理」が成り立たない非ユークリッド幾何学の一種である．

命題 1.14． 双曲線関数 sinh, cosh, tanh の逆関数は次のように表すことができる．
- $\sinh^{-1}: \mathbb{R} \to \mathbb{R}$ が式
$$\sinh^{-1}(x) = \log(x + \sqrt{x^2 + 1})$$
で定まる．
- $\cosh^{-1}: \mathbb{R} \to \mathbb{R}_{\geq 0}$ が式
$$\cosh^{-1}(x) = \log(x + \sqrt{x^2 - 1})$$
で定まる．
- $\tanh^{-1}: (-1, 1) \to \mathbb{R}$ が式
$$\tanh^{-1}(x) = \frac{1}{2} \log\left(\frac{1+x}{1-x}\right)$$
で定まる．

証明 素直に計算すれば良い．ためしに $\sinh^{-1}$ だけ計算してみよう．

定義の式 $y = \sinh(x) = (e^x - e^{-x})/2$ を式変形すると（$e^x \neq 0$ に注意）
$$e^{2x} - 2ye^x - 1 = 0. \qquad (1.2)$$
が得られる．(1.2) を e^x を変数とする 2 次方程式だと思って解くと（不慣れなら $X = e^x$ とすればよい）
$$e^x = y + \sqrt{y^2 + 1} \text{ もしくは } y - \sqrt{y^2 + 1}$$
となることがわかる．指数関数 e^x はいつでも正（0 より真に大きい）なので
$$e^x = y + \sqrt{y^2 + 1} \iff x = \log(y + \sqrt{y^2 + 1})$$
となり，$\sinh^{-1}(x) = \log(x + \sqrt{x^2 + 1})$ がわかる．

$\cosh^{-1}, \tanh^{-1}$ については，定義域，値域に注意しながら同様に計算すれば良い． ∎

以下は単純に定義に従って計算することで得られる．頑張れ！なお，三角関数の加法定理と微妙に符号が違うので注意．

命題 1.15． 双曲線関数に関しても加法定理などが成り立つ．
(ⅰ) $\sinh(\alpha + \beta) = \sinh\alpha\cosh\beta + \cosh\alpha\sinh\beta$．
(ⅱ) $\sinh(\alpha - \beta) = \sinh\alpha\cosh\beta - \cosh\alpha\sinh\beta$．
(ⅲ) $\cosh(\alpha + \beta) = \cosh\alpha\cosh\beta + \sinh\alpha\sinh\beta$．
(ⅳ) $\cosh(\alpha - \beta) = \cosh\alpha\cosh\beta - \sinh\alpha\sinh\beta$．
(ⅴ) $\tanh(\alpha + \beta) = \dfrac{\tanh\alpha + \tanh\beta}{1 + \tanh\alpha\tanh\beta}$．

次回は，微分についてお話する．微分について議論した後，指数関数の定義に関する話にちゃんと戻るので少々お待ちいただきたい．

●演習問題 1.1. の解説は次号に掲載します．

（まさい　ひでとし／武蔵野美術大学）

現代数学への誘い 第18回
——確率微分方程式入門

福泉 麗佳

このシリーズでは、女性数学者が数学のいろいろな分野を紹介していきます。[※1]

1. 確率微分方程式とその背景

確率微分方程式という言葉を聞いたことがあるだろうか。これは、ランダムなゆらぎ（ノイズ）を含んだ微分方程式のことで、現実の自然現象や経済の変動など、予測しきれない動きを表すのに使われる。

この考え方の出発点は、アインシュタインなどが行った「ブラウン運動」の研究にある。その後、日本の数学者伊藤清が、「伊藤積分」や「伊藤の公式」という新しい道具を作り、このようなランダムな動きが入った微分方程式をきちんと計算・解析できる理論を築き上げた。これが、確率微分方程式という分野の出発点である。

現代に至るまで確率微分方程式は、
- 金融工学：株価の変動を確率微分方程式でモデル化し、オプション価格の理論的計算を可能にしたブラック＝ショールズ方程式
- 物理学：熱力学や統計力学の基本モデルである、粒子の不規則運動を記述するランジュバン方程式
- 生物学：自然環境の変動や個体の行動のばらつきを確率微分方程式で表すと、生態系の不確実性を考慮したシミュレーションが可能となる（確率的ロトカ＝ヴォルテラ方程式）
- 機械学習：ディープラーニングにおける学習アルゴリズムの理論解析に使われる確率的勾配降下法

など広範囲に実用的に応用されている。

一方、比較的新しい理論深化（2000年代以降に発達）として、ノイズによる正則化という研究対象がある。ノイズによる正則化とは、例えば、普通なら「解が存在しなかったり」「いくつも答えが出てしまったり」「ちょっとの変化で答えが大きく変わったり」してしまうような微分方程式でも、ノイズ（ランダムなゆらぎ）を加えることで、解がちゃんと存在して、1つに決まり、安定するようになることがある、現象のことを言っている。数学では、こうした「ちゃんと解けて」「答えが1つに決まって」「条件を少し変えても極端に変わらない」性質のことを well-posed（適切）と呼んでいる。逆に、これらのどれかが欠けていると ill-posed（非適切）と呼ばれる。今回は、このノイズによる正則化というものに焦点を当てて確率微分方程式の持つ面白さをお伝えしたい。[※2]

微分方程式 $\frac{dx_t}{dt} = b(x_t)$ を考えよう。例えば、この微分方程式は、ポテンシャルエネルギーの概念に基づき、$b(x) = -\partial_x V(x)$ とすると、粒子がポテンシャル井戸 $V(x)$ の壁を滑り落ちていく様子を表しているものと思える。[※3] このように、

[※1] 男性中心になりがちな『現代数学』の誌面を見直し、ジェンダーを問わず多様な方が著者として活躍できる場を目指すという東京大学 伊藤由佳理氏と現代数学社 富田淳氏のご趣旨に共感し、微力ながらその一助となれば幸いです。

[※2] [2, 3, 9] の説明を参考にした。

[※3] 粒子やボールの運動方程式は通常2階の微分方程式 $m\frac{d^2x}{dt^2} + \nu\frac{dx}{dt} = b(x)$ である。$\nu\frac{dx}{dt}$ は粘性抵抗を考慮した場合の項である。粒子がポテンシャルの壁にこびりついたドロドロの液体（厚い粘液）をかき分けながら進むような状況においては、粘性抵抗つきニュートンの運動方程式で慣性項（$m\frac{d^2x}{dt^2}$）が無視できるような極限を考えることがあり、今はこのような解釈に相当する（[10] を参照のこと）。

$b(x)$ は位置 x における速度ベクトル（流れ）を表し「ドリフト項」と呼ばれる．しばしば，物理や確率論では，上の微分方程式をよりコンパクトな微分形式として，

$$dx_t = b(x_t)\, dt. \qquad (1.1)$$

と書くことがある．この形は，後にノイズを導入する際にも自然に拡張できる利点がある．

2. 一意性が壊れる常微分方程式の例

常微分方程式についてまず重要となるのは「その方程式に解が存在するか」「もし存在するなら解が一意に定まるか」という問いである．前節では，適切あるいは非適切という言葉使いも登場した．この問いの答えは，方程式に現れる関数 b（ドリフト項）の性質，とりわけ，どの程度なめらかに変化するか（正則性）に大きく依存する．正則性が高ければ解が存在し，一意性も保証されやすくなる．

関数の正則性を見分けるための最も基本的な区別は「グラフが途切れずにつながっているかどうか」，すなわち連続性に基づくものである．グラフが滑らかに一本の線で描けるなら連続関数，途中に飛びがあれば不連続関数とされる．

しかし，連続であっても非常に粗く，たとえば細かく振動したり急激に値を変えたりするような関数も存在する．そのため，連続性だけでは関数の滑らかさや扱いやすさを判断するには不十分な場合もある．

常微分方程式の問題において b の適切なクラスとしては，「リプシッツ連続関数」が挙げられる．関数 $b: \mathbb{R} \to \mathbb{R}$ がリプシッツ連続であるとは，ある定数 $L > 0$ が存在して，以下の条件を満たすことをいう．[※4]

$$\frac{|b(x) - b(y)|}{|x - y|} \leq L, \quad \forall x, y \in \mathbb{R}, \quad x \neq y.$$

ここで，絶対値 $|x - y|$ は x と y の距離を表す．したがって，任意のリプシッツ関数 b がどれほど急激に変化できるかには制限があり，リプシッツ定数 L は，関数 b が取りうる最も急な変化を表す．関数 b が微分可能であれば，リプシッツ定数は簡単に次のように求められる：

$$L = \max_{x \in \mathbb{R}} |b'(x)|.$$

一方，関数 $b(x) = \sqrt{|x|}$ はリプシッツ関数ではない．[※5] $|x|$ が 0 に近づくにつれて，関数はどんどん急勾配になるからである．

常微分方程式 (1.1) の解の存在と一意性の問題に戻ろう．ここで登場するのがピカール＝リンデレフの定理（または，コーシー＝リプシッツの定理）である．この定理は，ある決められた初期条件に対する常微分方程式の可解性の問題（コーシー問題と呼ばれる）についての古典的な結果である．

定理（ピカール＝リンデレフ）

もし b がリプシッツ連続であれば，どんな初期値 $\bar{x} \in \mathbb{R}$ に対しても，コーシー問題

$$dx_t = b(x_t)\, dt, \quad x_0 = \bar{x} \qquad (2.1)$$

はただ一つの解を持ち，その解はすべての $t \geq 0$ に対して定義される．また，その解は初期値 $\bar{x}$ に連続的に依存する．

ここで，「解」とは以下を満たす関数 x_t を意味するものとしておく．[※6]

- x_t は $[0, \infty)$ 上の連続関数．
- x_t は $[0, \infty)$ で次の積分方程式を満たす．

[※4] 大学初年度の常微分方程式の講義では局所リプシッツ関数という概念も習得すると思うが，ここでは簡単のため省いている．

[※5] $\displaystyle\lim_{x \to 0} \frac{|b(x) - b(0)|}{|x - 0|} = +\infty$ である．

[※6] ここでは簡単に globally well-posed だけを扱っている．有限な時間区間で well-posed な場合を locally well-posed という．ドリフト項 b のリプシッツ連続性が局所的であるか大域的であるかに関連する．

$$x_t = \bar{x} + \int_0^t b(x_s)\,ds$$

- 任意の $T>0$ に対して, $\int_0^T |b(x_s)|\,ds < \infty$ である.

ピカール=リンデレフの定理は, コーシー問題が適切である (well-posed) ことを示している. つまり, 任意の初期値に対して常に唯一の解が存在し, その解は安定である, すなわち, 初期値に対して連続的に変化するということである.

さて, 次に考察するのは, もっと正則性の低い関数 b, すなわち, 連続であるだけの関数も許容できるかどうかという点である. この場合に対応するのがペアノの定理である.

定理(ペアノ)
もし b が連続かつ有界な関数のとき, コーシー問題 (2.1)
$$dx_t = b(x_t)\,dt, \quad x_0 = \bar{x}$$
は解を持つ.

ペアノの定理における連続なドリフト項 b の仮定は, 解の存在を保証するが, 一意性までは保証しない. それに対して, ピカール=リンデレフの定理では追加のリプシッツ連続性が一意性も保証する. この違いを, 以下の常微分方程式の例で確認してみよう.

$$dx_t = \mathrm{sign}(x_t)\sqrt{|x_t|}\,dt, \quad x_0 = 0$$

ここで, $\mathrm{sign}(x)$ は x の符号を表す, つまり,

$$\mathrm{sign}(x) = \begin{cases} 1 & (x>0), \\ 0 & (x=0), \\ -1 & (x<0). \end{cases}$$

まず, $x_t = 0$ は方程式の解である. 初期値 0 のまま, 時間がたっても全く動かない解である. 一方で, $x_t = \left(\dfrac{t}{2}\right)^2$ も解であることが確かめられる. 初期値 0 から, すぐに右側 (正の方向) へ動き始める解である. また, $x_t = -\left(\dfrac{t}{2}\right)^2$ も解である.

さらに, すべての $t_0 \geq 0$ に対して,

$$x_t = \left(\frac{1}{2}(t-t_0)_+\right)^2 = \begin{cases} 0 & (t<t_0) \\ \left(\frac{1}{2}(t-t_0)\right)^2 & (t \geq t_0) \end{cases}$$

も解であることがわかる. 初期値 0 でしばらく止まり (時刻 $t<t_0$ で 0), 任意の時刻 t_0 から動き出す解である. この方程式では「いつ動き始めても構わない」自由度があり, 動き出しの時刻 t_0 を任意に選べる. このように, 初期値が同じでも「動き始めるタイミング」が決まらないため, 解が無限に存在し, 常微分方程式の一意性が成立しないことがわかる.

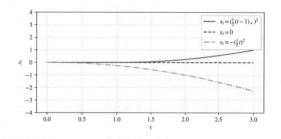

ペアノの定理における b の有界性の仮定は, 有限時間幅だけ解が存在するという結論の述べ方にすれば必要ない. ただ, b の($\bar{x}$ での) 連続性の仮定は必要な条件であり, 省くことはできない.

3. ノイズによる平均化の直感的説明

それでは, 私たちの考察対象である常微分方程式がノイズにより影響されたらどうなるかをみてみよう. 確率的な外力として標準的に使われるのがブラウン運動である. ブラウン運動は, 水中に浮かんだ花粉から出た微粒子を観察していた植物学者ロバートブラウンによって発見された. ブラウン運動の正式な定義は省略する. 興味のある読者は, ちょうど, 現代数学 2025 年 1 月号「現代数学への誘い—確率過程入門」[11] にわかりやすい解説があるので, 参照してほしい. ブラウン運動は, 粒子が各ステップで右上または右下に確率 $1/2$ で動く軌跡を拡大して見たものと考えること

ができる．このジグザグ状の軌跡は，さらにズームアウトしていくと，くねくねとした関数の形になり，連続ではあるものの，リプシッツ連続ではなくなる．

式 (1.1) の記法を用いることで，上で出てきた粒子の運動例のように $b(x) = -\partial_x V(x)$ とし，その運動がノイズで揺らされるとすると，
$$dx_t = -\partial_x V(x_t)\,dt + dB_t$$
と書ける．この方程式では，ボールの速度あるいは，より正確にはボールの位置 x_t の瞬間的な変化は，ポテンシャルの勾配 $\partial_x V(x_t)$ に沿って進み，同時にランダムな力 dB_t によって変化を受ける．ここで B_t はブラウン運動を表す．ブラウン運動の速度はめちゃくちゃランダムすぎて，普通の"微分"では意味がない．でも，ものすごく小さな時間の間の変化を「記号として」dB_t と書き，実際は，それを積み重ねて，すなわち，積分して扱う．

ここからは，ブラウン運動のような不規則な確率的ノイズ項を微分方程式に加えることで，解がうまく定義できるようになる（すなわち，解が存在し，しかも一意になる）という性質を説明する．興味深いことに，これはもとの決定論的な常微分方程式ではそのような性質が保証されない場合にも起こり得る．このように，ノイズが方程式を「安定させる」方向に働く現象は，ノイズによる正則化現象と呼ばれている．ただし，「正則化」という言葉使いには注意が必要である．確かに，以前は解が一意でなかったり，まったく存在しなかったような常微分方程式に対して，コーシー問題の適切性を得ることはできる．しかしながら，それは決して，解のサンプルパスが時間の関数としてより滑らかになることを意味はしていない．実際には，むしろその逆である．ここでいう「正則化」とは「問題の数学的性質を改善すること」であり，「関数のグラフが滑らかになる」という意味とは違うのである．

リプシッツ連続ではないドリフト項 b と，ブラウン運動のように非常に激しく変動するノイズ項 w_t を持つ確率微分方程式を考えてみよう．
$$dx_t = b(x_t)\,dt + dw_t \qquad (3.1)$$
ただし，$w_0 = 0$ とする．ノイズを加えることは，一見すると問題を簡単にしているようには見えない．というのも，もし b がリプシッツ関数でなく，問題の適切性を保証するのに十分な正則性を持たない場合，同じく「悪い」性質をもつ項をさらに加えたところで状況がよくなるとは思えない．しかし，ノイズを慎重に選べば平均化効果を引き起こし，方程式の適切性を回復させる可能性があることが以下のようにわかる．ここでいう「平均化効果」は，数学的には「畳み込み」と呼ばれる操作として現れる．これは，ある関数と，ノイズにより生じたぼやけた重みとを組み合わせることで，元の関数の不規則性がならされ，より滑らかな関数が得られる仕組みである．直感的には，ノイズがある点の近傍を細かく揺れ動くことによって，その周辺の情報を自然に平均化してしまうと考えるとよい．

ドリフト項 b が不連続関数で，具体的には $b(x) = 1$（$x \geq 0$ のとき）$b(x) = 0$（$x < 0$ のとき）の場合を考える．このとき，式 (3.1) を積分形式で書き直すと，
$$x_t = x_0 + \int_0^t b(x_s)\,ds + w_t$$
である．$y_t = x_t - w_t$ とすると，
$$y_t = x_0 + \int_0^t b(y_s + w_s)\,ds$$
と書ける．ここで，右辺第2項の関数
$$x \longmapsto \int_0^t b(x + w_s)\,ds \qquad (3.2)$$
について考察をしたいと思う．一見すると，b が不連続であるため，この関数（積分関数）も不連続になるだろうと予想される．しかし，ノイズ w が十分に「激しく変動する」ものであれば，たとえば w がブラウン運動に近い場合，この関数はかなり正則になり，実際，その期待値はリプシッツ連続に

さえなることがわかる。以下，$\mathbb{E}\int_0^1 b(x+B_s)\,ds$ を「$b(x)=1\,(x\geq 0)$，$b(x)=0\,(x<0)$」の場合と「$b(x)=\mathrm{sign}(x)\sqrt{|x|}$」の場合にそれぞれプロットしてみた．

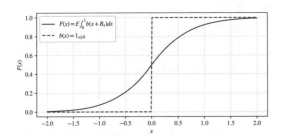

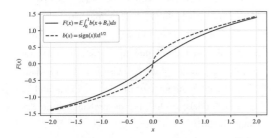

これは直感的にはなぜかというと，ほとんどすべての経路について，ノイズ w は瞬時に自分の出発点の周囲全体を探索するため，b の不連続性を「平均化してしまう」のである．たとえるなら，階段の段差が吹雪によってならされていくようなものである．吹雪が過ぎ去った後には，段差（不連続性）は雪で覆われ，滑らかになった斜面を問題なく滑り降りることができるようになるのである．

4. 数式で見る平均化と正則化のしくみ

前節の説明については，ブラウン運動の分布について知識があれば，さらに，以下のように x について滑らかになる理由が見えるであろう．

$$\mathbb{E}(b(x+B_s)) = \frac{1}{\sqrt{2\pi s}}\int_{\mathbb{R}} b(x+z)\exp\left(-\frac{|z|^2}{2s}\right)dz$$
$$= \frac{1}{\sqrt{2\pi s}}\int_{\mathbb{R}} b(y)\exp\left(-\frac{|y-x|^2}{2s}\right)dy,\ s\geq 0,\ x\in\mathbb{R}.$$

式 (3.1) に話を戻すと，このノイズによって誘発された連続性の向上を利用して，一意性を証明す

ることが可能になる．厳密に証明するためには，多くの予備知識や記号の定義が必要であるのでここでは述べないが，ドリフト項 b がリプシッツ連続よりも低い正則性しか持たなくても，どんな初期値 $\bar{x}\in\mathbb{R}$ に対しても，

$$dx_t = b(x_t)\,dt + dB_t,\quad x_0 = \bar{x}$$

は，ただ一つの解を持つことが，確かめられる（詳細は [3] を参照してほしい）．

ところで，ノイズ w が十分に変動していると繰り返してきたが，それはどういう意味なのだろうか．もう少し体系的に，ノイズの変動と正則化を測れないだろうか．近年の研究では以下のような考察が行われている（[6, 7]）．変動性，あるいは不規則性を定量化する一つの方法として，確率過程 $(w_t)_{t\geq 0}$ がある特定の場所にどれだけの時間とどまるか，という観点がある．ブラウン運動を含む広いクラスの確率的ノイズ w に対し，すべての $a\in\mathbb{R}$ に対して，w が時刻 t 以前に点 a に滞在した時間を定量化する量 $L_t^w(a)$（局所時間）を定義することができる（[8] を参照のこと．）このような局所時間は，任意の関数 b に対して，次のような関係式を満たす．

$$\int_0^T b(w_s+x)\,ds = \int_{\mathbb{R}} b(a+x)L_T^w(a)\,da \quad (4.1)$$

C^r を，r 回微分可能な関数の空間とする．ノイズ w が r-正則化的であるとは，すべての $t>0$ に対して，写像 $a\mapsto L_t^w(a)$ が C^r 級の関数であることを意味する．もしこの性質が $r=\infty$ に対して成り立つならば，そのノイズは無限に正則化的であると言う．では，このような正則化的ノイズが，私たちの問題にどのように役立つのかを説明しよう．まず，不規則な関数を滑らかにする性質を持つ畳み込みという概念を思い出そう．関数 $b:\mathbb{R}\to\mathbb{R}$ と，ある $r\geq 0$ に対して r-正則化的なノイズ w を考える．このとき，L_t^w と b の畳み込みは次のように定義される関数で，$L_t^w * b$ と書かれる．

$$L_T^w * b(x) := \int_{\mathbb{R}} L_T^w(a)\, b(x+a)\, da$$

上の右辺には，式 (4.1) から式 (3.2) に現れた量が見て取れることに注意したい．畳み込みの性質から，たとえ関数 b が非常に不規則であったとしても，もし写像 $a \longmapsto L_t^w(a)$ が C^r 級であれば，関数 $x \longmapsto \int_0^T b(w_s+x)\,ds$ も同様に C^r 級であることが分かる．特に，もし w が無限に正則化的であれば，関数 $x \longmapsto \int_0^T b(w_s+x)\,ds$ はとても滑らかになる（[6, 7]）．ここで強調したいのは，この滑らかさは b 自身の連続性とは無関係であるという点である．実際この考え方により，非常に不規則な関数，例えばディラックのデルタ関数※7 を扱うこともできる．

このように，関数 $x \longmapsto \int_0^T b(w_s+x)\,ds$ が元の関数 b よりも正則性を持つという事実は，正則化ノイズを常微分方程式に加えることで適切性が回復される，ということを示すうえで重要である．

5. 確率微分方程式から確率偏微分方程式へ

ノイズによる正則化のメカニズムは，常微分方程式だけでなく偏微分方程式にも応用されている．流体の研究分野では，最近では例えば，2次元の渦方程式において確率的摂動によって一意性が回復すること（[5]），3次元 Navier-Stokes 方程式に特定のノイズを加えると，解の爆発※8 を高確率で回避できること（[4]）など，流体方程式のモデリングや正則性に重要な示唆を与えている．光ファイバー中の波束の進化を表す非線形 Schrödinger 方程式においても，決定論的な方程式では，強い非線形効果をもつ場合，解が爆発する

※7 0 以外の点では値が 0 でありながら，全体で積分すると 1 になる関数（厳密には関数ではない）

※8 時間が有限でも，微分方程式の答えが無限大に発散してしまうこと

恐れがあるが，白色ノイズ分散を加えることで，波の伝わり方が揺れ動き，平均化されるため，解が暴走せずに安定して続くようになることが [1] で示されている．

6. 謝辞

初稿の段階でご意見をくださった赤木剛朗氏，佐久間紀丞氏，田中和永氏，矢野孝次氏，矢野裕子氏に，心より感謝申し上げます．

参考文献

[1] A. Debussche and Y. Tsutsumi, 1D quintic nonlinear Schrödinger equation with white noise dispersion, J. Math. Pures Appl., 96 (4) (2011) 363-376

[2] A. Djourdjevac, H. E. Altman, T. Rosati, Randomness is natural - an introduction to regularisation by noise, snapshot on regularization by noise from Oberwolfach.

[3] F. Flandoli, Random perturbation of PDEs and fluid dynamic models, école d'été de probabilités de Saint-Flour XL -2010

[4] F. Flandoli and D. Luo, High probability global well-posedness of 3D Navier-Stokes equations under random perturbations, Ann. Probab. 49 (2021) 1-40.

[5] F. Flandoli, M. Gubinelli and E. Priola, Well-posedness of the transport equation by stochastic perturbation, Inventiones Mathematicae, 180 (2010) 1-53.

[6] L. Galeati and M. Gubinelli, Prevalence of ρ-irregularity and related properties, arXiv:2004.00872v2 (2020).

[7] F. A. Harang and N. Perkowski, C^∞-regularization of ODEs perturbed by noise, Stoch. Dyn. 21 (2021)

[8] D. Revuz and M. Yor, Continuous martingales and Brownian motions, Springer-Verlag, Berlin, (1994)

[9] Scuola normale superiore Pisa: Probability Seminars Lecture Notes - Regularization By Noise, https://sites.google.com/sns.it/probability-seminars/lectures-series/regularization-by-noise

[10] S. Strogatz, Nonlinear Dynamics and Chaos, CRC Press (2015)

[11] 矢野裕子，現代数学 2025 年 1 月号「現代数学への誘い - 確率過程入門」

（ふくいずみ れいか／早稲田大学 理工学術院）

高校数学の脈綴り ㊲

統計的な推測 ③

現代に考える学びのスタンダード

鶴迫貴司

こんにちは，今月からこの分野の後半——母集団と標本，推定，仮説検定——について綴ろう．ざっくりとしたイメージは次のようなものであろう．

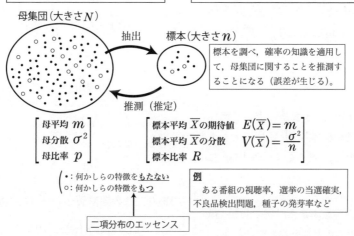

学びの道標

簡単に説明しておくと，一般に，大きさ N の母集団から大きさ n の標本を抽出するとき，
【1】N が小さいときは，復元抽出による．
【2】N が大きく，かつ n が N に比べて小さいときは，復元抽出でも非復元抽出でもよい．
と考えることによって，上図のように母平均 m，母分散 σ^2（母標準偏差 σ）の母集団から抽出された大きさ n の標本 $X_1, X_2, \cdots, X_n$ を，互いに**独立**な確率変数とみなすことができ，【1】の場合も【2】の場合にも，$X_1, X_2, \cdots, X_n$ に対し，母平均を m，母標準偏差を σ とすると
$$m = E(X_1) = E(X_2) = \cdots = E(X_n)$$
$$\sigma = \sigma(X_1) = \sigma(X_2) = \cdots = \sigma(X_n)$$
である．

また，無作為標本 $X_1, X_2, \cdots, X_n$ の相加平均すなわち，$\overline{X} = \dfrac{X_1 + X_2 + \cdots + X_n}{n}$ を標本平均といい $\overline{X}$ で表し，標本平均 $\overline{X}$ の期待値 $E(\overline{X})$ と標本平均の分散 $V(\overline{X})$ は

$$E(\overline{X}) = E\left(\frac{X_1 + X_2 + \cdots + X_n}{n}\right)$$
$$= \frac{1}{n}\{E(X_1) + E(X_2) + \cdots + E(X_n)\}$$
$$= \frac{1}{n}\underbrace{(m + m + m + \cdots + m)}_{m \text{ が } n \text{ 個}} = \frac{1}{n} \cdot nm = m$$

$$V(\overline{X}) = V\left(\frac{X_1 + X_2 + \cdots + X_n}{n}\right)$$
$$= \frac{1}{n^2}\{V(X_1) + V(X_2) + \cdots + V(X_n)\}$$
$$= \frac{1}{n^2}\underbrace{(\sigma^2 + \sigma^2 + \sigma^2 + \cdots + \sigma^2)}_{\sigma^2 \text{ が } n \text{ 個}} = \frac{1}{n^2} \cdot n\sigma$$
$$= \frac{\sigma^2}{n}$$

と導出できるから，標本平均の標準偏差 $\sigma(\overline{X})$ は
$$\sigma(\overline{X}) = \sqrt{V(\overline{X})} = \frac{\sigma}{\sqrt{n}}$$
である．

　また，**中心極限定理**や**大数の法則**は高校数学では，教科書では深入りせずにさらっと記述しているものの，この分野を採り上げる際には，とても強力な性質であることはいうまでもない．

・中心極限定理

　母平均 m，母分散 σ^2 の十分大きな母集団から大きさ n の標本を無作為に選び，標本平均を $\overline{X}$ とし，n は十分大きいとするとき，$\overline{X}$ は平均が m，分散が $\frac{\sigma^2}{n}$ の正規分布 $N\left(m, \frac{\sigma^2}{n}\right)$ に近似的に従う．

・大数の法則

　母平均 m の母集団から大きさ n の標本を無作為に抽出するとき，その標本平均 $\overline{X}$ は，大きさ n が大きくなるにつれて，限りなく母平均 m に近づく．

　では，ここまでの内容をふまえ，次の問題（**標本分散の平均**がどうなるのか）を考えてみよう．

> **問題 6**
>
> N は 2 以上の自然数とする．大きさ N の母集団があり，その母分散を σ^2 とする．この母集団から 2 個の標本を抽出し，その標本分散を S^2 とし，S^2 の平均を $E(S^2)$ とする．
> (1) N が十分大きいときの $E(S^2)$ は
> $$E(S^2) = \frac{1}{2}\sigma^2$$
> であることを示せ．
> (2) $N = 3$ とするときの $E(S^2)$ は
> $$E(S^2) = \frac{3}{4}\sigma^2$$
> であることを示せ．

◆**参考答案**

(1) N が十分大きい母集団の資料を U とし，その平均（期待値）を $E(U)$，U^2 の平均を $E(U^2)$ とすると，母分散 σ^2 は
$$\sigma^2 = V(U) = E(U^2) - \{E(U)\}^2$$
である．
ここで，2 個の標本を $X = X_1, X_2$ とすると，
$$E(X_1) = E(X_2) = E(U) \quad \cdots\cdots ①$$
であり，X_1^2, X_2^2 の平均 $E(X_1^2), E(X_2^2)$ は
$$E(X_1^2) = E(X_2^2) = E(U^2) \quad \cdots\cdots ②$$
である．このとき，標本平均 $\overline{X}$ は
$$E(X) = \overline{X} = \frac{X_1 + X_2}{2} \quad \cdots\cdots ③$$
であり，この期待値 $E(\overline{X})$ は
$$\begin{aligned} E(\overline{X}) &= E\left(\frac{X_1 + X_2}{2}\right) \\ &= \frac{E(X_1) + E(X_2)}{2} \\ &= \frac{E(U) + E(U)}{2} \quad (\because ①) \\ &= E(U) \quad \cdots\cdots ④ \end{aligned}$$
である．また，
$$E(X^2) = \overline{X^2} = \frac{X_1^2 + X_2^2}{2} \quad \cdots\cdots ⑤$$
であり，この期待値 $E(\overline{X^2})$ は，③より
$$\begin{aligned} E(\overline{X^2}) &= E\left(\frac{X_1^2 + X_2^2}{2}\right) \\ &= \frac{E(X_1^2) + E(X_2^2)}{2} \\ &= \frac{E(X_1^2) + E(X_2^2)}{2} \\ &= E(U^2) \quad \cdots\cdots ⑥ \end{aligned}$$
である．
そこで，標本分散 S^2 は，③と⑤より
$$S^2 = E(X^2) - \{E(X)\}^2 = \overline{X^2} - (\overline{X})^2$$
であり，両辺の期待値をとると，$E(S^2)$ は
$$\begin{aligned} E(S^2) &= E(\overline{X^2} - (\overline{X})^2) \\ &= E(\overline{X^2}) - E((\overline{X})^2) \end{aligned}$$
であるから，⑥をこれに用いると
$$E(S^2) = E(U^2) - \underline{E((\overline{X})^2)} \quad \cdots\cdots ⑦$$
と表せる（$E((\overline{X})^2)$ がこの時点で不明瞭である）．

　このとき，N は十分大きく，大きさ 2 の標本は互いに独立とみなせるから，標本平均 $\overline{X}$ の分

散 $V(\overline{X})$ は，前ページに述べたように
$$V(\overline{X}) = \frac{\sigma^2}{2}$$
であるが，そもそも $V(\overline{X})$ は
$$V(\overline{X}) = E((\overline{X})^2) - \{E(\overline{X})\}^2$$
であり，右辺の第2項は④より，これは
$$V(\overline{X}) = \underline{E((\overline{X})^2)} - \{E(U)\}^2$$
であるから，これを $E((\overline{X})^2)$ について解くと
$$\underline{\underline{E((\overline{X})^2)}} = V(\overline{X}) + \{E(U)\}^2$$
$$= \frac{\sigma^2}{2} + \{E(U)\}^2 \quad \cdots\cdots ⑧$$
である．

よって，⑧を⑦に用いると
$$E(S^2) = E(U^2) - \left[\frac{\sigma^2}{2} + \{E(U)\}^2\right]$$
$$= \underbrace{E(U^2) - \{E(U)\}^2}_{\text{これは分母散の}\sigma^2} - \frac{\sigma^2}{2}$$
$$= \frac{\sigma^2}{2}$$
であるから，これで示せた． 終

(2) 大きさが $N=3$ である母集団は，十分大きいとはいえない．そこで，母集団の資料 U を
$$U = a, b, c$$
とすると，この母集団の平均 $E(U)$，U^2 の平均 $E(U^2)$ はそれぞれ
$$E(U) = \frac{a+b+c}{3}, \quad E(U^2) = \frac{a^2+b^2+c^2}{3}$$
であり，母分散 $\sigma^2 = V(U)$ は
$$V(U) = E(U^2) - \{E(U)\}^2$$
であるから，これより
$$\sigma^2 = \frac{a^2+b^2+c^2}{3} - \left(\frac{a+b+c}{3}\right)^2$$
$$= \frac{2}{9}(a^2+b^2+c^2-ab-bc-ca) \quad \cdots\cdots ⑨$$
である．

ここで，母集団（3個の a, b, c）から無作為に抽出した2個の標本を $X = X_1, X_2$ とすると，X_1^2 の平均 $E(X_1^2)$ は
$$E(X_1^2) = \frac{a^2+b^2+c^2}{3} = E(U^2)$$
であり，同様に，X_2^2 の平均 $E(X_2^2)$ も $E(U^2)$ に等しい．

また，X の平均 $E(X)$，X^2 の平均 $E(X^2)$ はそれぞれ
$$E(X) = \frac{X_1+X_2}{2}, \quad E(X^2) = \frac{X_1^2+X_2^2}{2}$$
であり，このとき，標本分散 S^2 は
$$S^2 = E(X^2) - \{E(X)\}^2$$
$$= \frac{X_1^2+X_2^2}{2} - \left(\frac{X_1+X_2}{2}\right)^2$$
$$= \frac{X_1^2+X_2^2-2X_1X_2}{4}$$
であるから，標本分散の平均 $E(S^2)$ は
$$E(S^2) = \frac{1}{4}\{E(X_1^2) + E(X_2^2) - 2E(X_1X_2)\}$$
$$= \frac{1}{4}\{E(U^2) + E(U^2) - 2E(X_1X_2)\}$$
$$= \frac{1}{2}\{E(U^2) - \underline{E(X_1X_2)}\}$$
である．ここで，
$$\underline{\underline{E(X_1X_2)}} = \frac{ab+ac+ba+bc+ca+cb}{6}$$
$$= \frac{ab+bc+ca}{3}$$
であり，上式にこれを用いると
$$E(S^2) = \frac{1}{2}\left(\frac{a^2+b^2+c^2}{3} - \frac{ab+bc+ca}{3}\right)$$
$$= \frac{1}{6}(a^2+b^2+c^2-ab-bc-ca)$$
であるから，⑨より
$$a^2+b^2+c^2-ab-bc-ca = \frac{9}{2}\sigma^2$$
である．よって
$$E(S^2) = \frac{1}{6} \cdot \frac{9}{2}\sigma^2 = \frac{3}{4}\sigma^2$$
であることが示せた． 終

補足

母分散と標本分散について，少し補っておくと，母集団（母平均 m，母分散 σ^2）から抽出された大きさ n の標本 $X_1, X_2, \cdots, X_n$ の標本分散を S^2 とするとき
$$S^2 = \frac{1}{n}\{(X_1-m)^2 + (X_2-m)^2 + \cdots$$
$$\cdots + (X_n-m)^2\} - (\overline{X}-m)^2$$
であるから，両辺の期待値をとると

$$E(S^2) = \frac{1}{n}[E\{(X_1-m)^2\} + E\{(X_2-m)^2\} + \cdots + E\{(X_n-m)^2\}] - E\{(\overline{X}-m)^2\}$$

であり，$E\{(\overline{X}-m)^2\} = V(\overline{X}) = \frac{\sigma^2}{n}$ より，

$$E(S^2) = \frac{1}{n}(\sigma^2 + \sigma^2 + \cdots + \sigma^2) - \frac{\sigma^2}{n}$$
$$= \left(1 - \frac{1}{n}\right)\sigma^2$$

である．この事実によって，これは母集団の大きさ N が標本の大きさ n より十分大きいときには有効に機能するが，そうでない場合は，母分散 σ^2 を考えるのに標本分散 S^2 で代用してよいかというとそうではなく，つまりは，標本分散 S^2 を母分散 σ^2 の推定値として用いるのは不正確であり，実際には

$$\sigma^2 = \frac{n}{n-1}E(S^2)$$
$$= \frac{n}{n-1} \cdot E\left(\frac{\sum_{k=1}^{n}(X_k-\overline{X})^2}{n}\right)$$
$$= \frac{1}{n-1}\{(X_1-\overline{X})^2 + (X_2-\overline{X})^2 + \cdots + (X_n-\overline{X})^2\}$$

を用いる方がよいことがわかる．また，これは **問題6** の(1)の標本の個数2を n とした場合における証明でもある．

問題7

(1) ある男子校における過去の資料では，高校1年生全体の身長の標準偏差は $5.8\,\mathrm{cm}$ であることがわかっている．現在，この高校における身長の平均値を推定するのに，真の値との差が $1\,\mathrm{cm}$ 以下である確率が 95% 以上であるためには，少なくとも何人を調査(抽出)すれば十分だろうか．

(2) ある町Aの駅で，乗降客600人を無作為抽出して調べたところ，120人がその町Aの住人であった．乗降客中その町Aの住人の比率を信頼度 99% で推定せよ．もし，必要であれば $\sqrt{6} = 2.45$ を用いてよい．

参考答案

(1) 母集団の平均を m，母標準偏差 $\sigma = 5.8$ とすると，標本の大きさ n 人の身長の平均 $\overline{X}$ の期待値，分散，標準偏差はそれぞれ

$$E(\overline{X}) = m, \quad V(\overline{X}) = \frac{\sigma^2}{n} = \frac{5.8^2}{n}$$
$$\sigma(\overline{X}) = \frac{5.8}{\sqrt{n}}$$

であり，$\overline{X}$ の分布を正規分布 $N\left(m, \frac{5.8^2}{n}\right)$ で近似する．このとき，条件から

$$P\left(|\overline{X}-m| \leqq 1.96 \cdot \frac{5.8}{\sqrt{n}}\right) = 0.47500 \times 2$$
$$= 0.95 \ (\because\text{正規分布表})$$

であり，真の値との差が $1\,\mathrm{cm}$ 以下であるのは

$$1.96 \cdot \frac{5.8}{\sqrt{n}} \leqq 1$$

を満たす n を見出せばよいから，これより

$$n \geqq (1.96 \cdot 5.8)^2 = 11.368^2 = 129.2\cdots$$

であり，求める標本の大きさ n は少なくとも130人で十分である．　**答**

(2) 標本の大きさは $n = 600$ であり，標本比率を R とすると

$$R = \frac{120}{600} = 0.2$$

である．このとき，信頼区間の一部について

$$2.58 \times \sqrt{\frac{R(1-R)}{600}} = 2.58 \times \sqrt{\frac{0.2 \cdot 0.8}{600}}$$
$$= 2.58 \times \frac{4}{2.45 \times 100}$$
$$= 0.0421\cdots$$

であり，信頼区間の下限と上限は大数の法則より，それぞれ

$$R - 2.58\sqrt{\frac{R(1-R)}{600}} = 0.1579$$
$$R + 2.58\sqrt{\frac{R(1-R)}{600}} = 0.2421$$

であるから，母比率 p に対する信頼区間は

$$[15.8, 24.2]$$　**答**

である．

　今月は，「**統計的な推測**」の後半における，確認しておきたい脈について触れた．データサイエンス系のみならず，データを扱う(学ぶ)のなら，この程度は把握しておいてもよさそうだ．では．

（つるさこ　たかし／東山高等学校数学科）

学校数学から競技数学への架橋 03
経験を伝える遊歴算家

数理哲人

3.1 競技算数に髪を賭ける女

私が『現代数学』誌上で担当させていただくコラム『俺の数学』には，数学と旅にまつわるさまざまな話題を書かせていただいている．その中に『競技算数に髪を賭ける女』（第70回，2020年4月号）という記事がある．「私の教室に所属する小学生女子が……」ではじまるストーリーは，算数オリンピック大会に向けての，ある問答を記している．

哲人：「さすがに予選で負けるわけにはいかねえな」

女子：「もちろん，あってはなりません」

哲人：「そういうことなら，予選を突破することに髪の毛を賭けてみろ」

女子：（顔色が変わり）「負けたら頭を丸めるということですか」

哲人：「その通りだ」

女子：（号泣）

文字列だけを見ると『虐待』と受け取られるかもしれない．これらはすべて，横に保護者（母親）がいる状況で，保護者との目配せのもとに進めた会話であることをお断りしておく．

当時，彼女は小学校5年生であった．それから数年を経て『髪を賭けた女』は著しい成長を遂げた．今年2025年のEGMO（ヨーロッパ女子数学オリンピック）第14回コソボ大会において，日本代表4名の選手の一席を占めるまでに成長してくれた．55か国219名の女子数学オリンピアンが参加した大会で，銀メダルを獲得し，国別順位は7位となった．日本は第3回大会から参加しているので，2020年（Covid-19のため中止）を除いて11回目の参加となるが，チームとして最高の国別順位を遂げてくれた．

私の指導歴としては，3人目（4回目）の国際試合オリンピアン・メダリストの登場であり，心から祝福する．ただし，本人はまだ高校生であり，来年以降にも国際試合のチャンスが残っていることから，『知恵の館』教室は卒業ではなく，まだ関わりを残している．さらに上のレベルへのステップアップを遂げるために，伴走を続ける立場であるので，ここは祝辞にとどめる．髪を賭けたこと以外のエピソードは控えさせていただくので，ご了承賜りたい．

3.2 遊歴算家の教場に沖縄が加わる

私が東京で『知恵の館』を創業したのは，1994年のことである．最初は東京・巣鴨に教室をおき，以後は⇒新宿⇒駒場東大前⇒高田馬場⇒駒場東大前という具合に，場所を点々とした．算数オリンピック（小学生）〜広中杯（中学生）〜JJMO（中学生）〜JMO（高校生）といった競技数学の指導に手を染めたのは，高田馬場に教室があった頃のことである．主要な経緯や方法については，本連載のバックナンバーに記している．

東京での指導と平行して，『遊歴算家』を名乗っての地方巡業も，積極的に行なってきた．2009年からの山陰地方（鳥取県・島根県・山口県）の巡業，2011年からの東北地方（宮城県・福島県）の巡業，2015年からの沖縄県の巡業が主なものであるが，他にも各地を周遊している．

その様子は，『現代数学』誌上コラム『俺の数学』に寄稿している．私自身の社会的関心のひとつとして，東京一極集中に起因する『情報格差』の問題がある．教育〜進学〜立身出世モデルという観点からみたとき，東京と地方都市の間に，

大きな格差が横たわっている．それは本人の努力で埋めることができるような性質やレベルではない．

こうした問題意識は『俺の数学』にたくさん書いてきたので，ここで改めて論じることは避けるが，社会的課題の解決に向けての行動として，巡業を繰り返している．そういう行動を表現する言葉として，江戸時代に現存した『遊歴算家』と呼ばれる《旅する数学者》たちがいたことを知り，『（平成〜令和の）遊歴算家』を名乗っている．

多くの遊歴をこなす際に，自分が話したいことだけを講義しに周るのでは，余計なお世話になったり，ありがた迷惑にもなりかねない．そこは，呼んでいただく教育機関（学校，予備校，教員研修会など）の要望に応じて，話題をカスタマイズしている．生徒向けには「受験指導」が多い．近年は「共通テスト」についてのリクエストが多かった．教員向けには「教材・試験のつくりかた」，「数学的思考を伝える授業」などの話題が多い．そして，数は多くはないものの，ときどき「数学オリンピック」についてのリクエストも頂戴する．

私がこれまで，数学オリンピックに関してお話をしてきたのは，地理的には，福島県『数学トップセミナー』のほか，埼玉県／沖縄県といった場所であった．そこで話をしてきた記録は，すべて知恵の館文庫『競技数学への道①〜⑩』（楽天 PrePassWebShop にて入手可能）に，余すところなく公開している．

私は還暦を過ぎた．まだまだ元気に動き回るつもりであり，引退する気はさらさらない．しかし，人間というもの，現在できていることが，いつできなくなるかも分からない存在である．元気なうちに，様々なノウハウを後世に向けて記録しておきたい．そうした活動の場が，現代数学社であり，知恵の館文庫なのである．本連載も，そのような問題意識の一環として書き記しているものである．

ここ数年の私の遊歴先として，沖縄県が急上昇している．コラム『俺の数学』10年120回の記録をみると「東北プロボノ日記」が30回を数えてダントツなのであるが，近年は沖縄県に関する記載が増えている．

『俺の数学』（第90回，2021年12月号）
『コロナ渦中の遊歴（12）令和知恵の館＠那覇』

『俺の数学』（第91回，2022年1月号）
『学びを通じての支援（1）継続性を模索する』

『俺の数学』（第92回，2022年2月号）
『学びを通じての支援（2）特待生・奨学金の経済学』

これら3回の寄稿に記したように，那覇市に所在する小さな塾をお手伝いする機会を得た．私の本拠地は東京であるから，お手伝いをするとはいっても，機会は限られている．那覇の教室には専任・常駐の塾長さんがいらして，私はときどき連絡をとりながら，私を必要とする生徒さんがいれば，お手伝いをするというスタンスでの関わりであった．

ところが，昨年2024年の夏に，専任・常駐の塾長さんが当該塾を卒業されることになった．オーナーさんからすると大ピンチである．相談をいただいた私は，関わりを増やすことを決断した．具体的には，東京⇔那覇間を月に3往復している．1回の渡航で木〜金または（木〜金〜土）に教室に入って，塾生を直接に指導することを引き受けた．もちろん，この日程だけで教室がまわるわけではないので，那覇に在住の先生や，琉球大学の学生さんと一致協力して，塾のスケジュールを回している．

塾の運営に協力するという立場になったので，私も東京での30年あまりにわたる塾経営のノウハウを提供して差し上げている．代わりに，指導内容については任せていただいている．もちろん，那覇市の子どもたちのニーズと乖離してしまっては続かないこと，よく承知をしている．

写真は，教室の入口を撮影したものである．那覇・壺屋のひめゆり通り沿いに，私の実写が，本人よりも大きなサイズで，道行く人と視線を合わせているのである．

那覇市壺屋（ひめゆり通り沿い）に所在するインフィニティ進学スクール

3.3 「知恵の館」教室の経験を伝達する

ともあれ，現に那覇・壺屋の教室をお預かりしてしまった．塾生（保護者）に対する（教育の）責任が生じるだけでなく，塾オーナーに対する（経営上の）責任も負うこととなった．また，私自身が教室で教えることを楽しむことができなければならない．自分が楽しくないままに，相手に楽しく学んでもらい，やる気スイッチを入れてもらうことは実現しない．

自分が教えて楽しいこと，といえば，数学である．でも，塾に通う子どもの多くは，学校の成績を上げたい，分からないことが分かるようになりたい，進学の目標を達したい，という動機付けがメインである．「数学を学びたい」と考える生徒を集めることは，東京では可能であっても，那覇ではとても困難なのである．

数学を学びたい生徒さんを，受け身で待っていても現れるものではない．そこで『沖縄の中高生のための数学オリンピック予選突破をめざす無料セミナー2025』という講座を立ち上げてみた．

なにぶん小さな教室であるから，新聞広告を出すことは現実的ではないし，ウェブ上で広報をしようにも，簡単に見に来てくれるものでもない．そもそも「数学を学びたい」などという奇特な若者が，どの程度に存在・分布しているのかもよくわからない．

幸い私は，沖縄県内の高等学校を《ご襲撃》した履歴が26校に及ぶので，写真のようなチラシを先生方にご案内してみた．ありがたいことに，一部の先生方からは，教室内で数学好きのオーラが出ている少年少女を，ご紹介いただくことができた．

沖縄県にはご縁が深いが，そうは言っても《異郷の地》である．ここで知り合った教育関係の仲間の皆さんが，数学好きの生徒たちと，数理哲人とを繋ぎたい，と願って協力して下さったのである．謝意を表したい．

3.4 競技数学の指導は何をする

東京で競技数学を学ぶ生徒は，中学受験を終えた中1から，学校での数学の学習と平行して，競技数学の世界に入り込む．本稿の冒頭に記した「髪を賭けた女」は，小学生の頃から競技数学の世界に入っている．

かたや沖縄県の子どもたちは，温暖な気候の中でのんびりと過ごしている．競技数学に勤しもうにも，経験値をもつ指導者が稀有であり，情報が入ってこない．競技数学で勝ち上がった先輩も（予選突破がせいぜいなので）見当たらず，ロールモデルがいない．まさに，情報格差

という深い溝が，そこには現存している．

東京の場合，私立（および国公立の）中学校を受験する子が，小学校卒業児童の2割に近いという統計もある．中学受験算数を経験した子は，競技数学にもすんなりと接続できることは，想像に難くないだろう．

かたや沖縄県では，県庁所在地の那覇市だけに限っても，私立（および公立の）中学校を受験する子は，小学校卒業児童を分母としてどれくらいなのか．私は統計を知らないが，体感としては5%にも満たないものと思われる．こうした環境の違いは，数学を学ぶ環境の違いに直結する．そうした『環境の格差』を少しでも埋めることが『（平成〜令和の）遊歴算家』たる私の役割である．

本連載のタイトルである『学校数学から競技数学への架橋』には，そういう問題意識が込められている．ここまで，私の経験に基づく考え・問題意識を説明するのに，連載記事の3回分ちかくを要することとなった．ここから徐々に，数学の中身の話に向かっていく．

那覇市壺屋の塾の企画『沖縄の中高生のための数学オリンピック予選突破をめざす無料セミナー2025』として，24回分のカリキュラムをつくった．念頭に置いているのは，那覇市内の進学校に在籍する生徒たちで，学校内の成績は良好で，自他ともに数学が好きで得意だと認識されているような生徒たちである．そういう生徒は，日本中の地方都市に，一定割合で遍く存在していることだろう．

現実として，そういう生徒が数学オリンピックで輝かしい成果を挙げることは困難である．その理由は，環境に差にあるからだ．その壁を少しでも壊していくことが，現在の私が挑戦している課題である．

よく知られているように，数学オリンピックの出題範囲とされている4大分野がある．世界の高等学校で共通に学習している分野で，具体的にはA分野（代数, Algebra），C分野（組合せ論, Combinatorics），G分野（幾何, Geometry），N分野（数論, NumberTheory）である．この4分野について，各6回ずつのカリキュラムを組んでいる．

A1 計算の基礎（4月無料）　C1 数え上げの基礎（4月無料）
A2 方程式（6月）　　　　　C2 存在命題・集合（6月）
A3 不等式（7月）　　　　　C3 マス目（7月）
A4 数列（8月）　　　　　　C4 タイル・敷き詰め（8月）
A5 集合（9月）　　　　　　C5 操作・ゲーム（9月）
A6 関数方程式（10月）　　　C6 グラフ（10月）

G1 計量の基礎（5月無料）　N1 整数の探索（5月無料）
G2 ソバット（6月）　　　　N2 約数と倍数（6月）
G3 五心（7月）　　　　　　N3 平方数（7月）
G4 共線・共点（8月）　　　N4 剰余類（8月）
G5 共円の発見（9月）　　　N5 互いに素（9月）
G6 共円の活用（10月）　　　N6 素数（10月）

ACGNの各1回目を『無料セミナー2025』にて提供し体験してもらったうえで，さらに頑張ってみたいという子には，有料講座に接続してもらう段取りである．塾の宣伝みたいで恐縮だが，この連載記事で宣伝をしたいわけではない．チラシに記した《数理哲人の指導方針》に記したのは，

①大事なことは覚えてはいけない〜理解するのだ，
②考え抜くに値する良問をセレクト〜脳に汗をかく，
③答えを教える講義は失礼〜ヒントを小出しに導く，
④数学的「思考回路」を組み上げ磨き上げる，
⑤数学は「正しく考えれば正しい結論に至る」

……という項目である．

「学校で，ふつうに，のびのびと，数学を，学んでいる，中学生と高校生たち」に，本格的な競技数学をどのように伝達していくか．さらには，単に「問題の解き方を教える」のではなく，数学的思考ができる若者として自立してもらうのか．こうした問題意識に基づき，本連載では次回から，この点について具体的な話を織り交ぜていきたい．

（すうりてつじん）

初等数学回遊⑰
シグマっぽい（？）関数

吉田 信夫

本稿では，ちょっと変わった関数を紹介する．色んなところで利用されているが，あまり知られていない．

シグモイド関数というのを聞いたことはあるだろうか．シグマっぽい関数である．$f(x)=\dfrac{1}{1+e^{-x}}$ のことで，グラフは次のような形である．

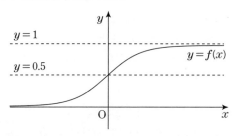

シグマっぽい？大文字は Σ，小文字は σ である．よく調べると，ギリシャ文字には語末形というのがあるそうだ．σ は，単語の最後にくるときは，「ς」という形になるらしい．この語末形のシグマに似ているということで，シグモイド関数という．

この関数の積分 $\displaystyle\int_0^1 \dfrac{1}{1+e^{-x}}dx$ は，初学者に驚きを与えてくれる．上下に e^x をかけて

$$\int_0^1 \frac{1}{1+e^{-x}}dx = \int_0^1 \frac{e^x}{e^x+1}dx = \bigl[\log(e^x+1)\bigr]_0^1$$
$$= \log(e+1) - \log 2 = \log\frac{e+1}{2}$$

とできるし，次のように計算することもできる．

$$\frac{1}{1+e^{-x}} + \frac{e^{-x}}{1+e^{-x}} = 1$$
$$\int_0^1 \frac{1}{1+e^{-x}}dx = \int_0^1 \left(1 - \frac{e^{-x}}{1+e^{-x}}\right)dx$$
$$= \bigl[x + \log(1+e^{-x})\bigr]_0^1$$
$$= 1 + \log(1+e^{-1}) - \log 2$$
$$= \log\frac{e(1+e^{-1})}{2} = \log\frac{e+1}{2}$$

この関数には，実は別名があって，ロジスティック関数というものである．それは，ロジスティック方程式という微分方程式を満たすことからきている．微分方程式とは，導関数を含む関数方程式である．ロジスティック方程式とは，

$$f'(x) = f(x)(1-f(x))$$

のことである．

これは，生物の個体数の変化の様子を表す数理モデルとして使われる．ある領域内の個体数は，少ないとどんどん増えるが，多くなってくると餌が不足してくるため，個体数には上限がある．その様子を表しているそうだ．

グラフを見ると，確かにそんな雰囲気を感じ取ることができる．また，$f'(x)$ は単位時間あたりの個体数の変化を表すのだが，それを $f(x)(1-f(x))$ という個体数 $f(x)$ を用いたシンプルな式で表現している．もちろん正確に表現できるわけではないが，モデルとしては面白いし，分かりやすい．

$1-f(x)$ は，先ほどの積分計算でも登場したもので，$f(x)$ とのペア感が強い．実際，$f(x)=\dfrac{1}{1+e^{-x}}$ がロジスティック方程式を満たすことは確認できるだろうか？

$$f'(x) = \frac{-(1+e^{-x})'}{(1+e^{-x})^2} = \frac{e^{-x}}{(1+e^{-x})^2}$$
$$= \frac{1}{1+e^{-x}} \cdot \frac{e^{-x}}{1+e^{-x}} = f(x)(1-f(x))$$

である．あるいは，$f(x)(1+e^{-x})=1$ の両辺を微分して

$$f'(x)(1+e^{-x}) + f(x)(-e^{-x}) = 0$$
$$f'(x) = \frac{f(x)e^{-x}}{1+e^{-x}} = f(x)(1-f(x))$$

としても良い．

導関数 $y=f'(x)$ のグラフはどうなるだろう？実は，キレイなベル型になる．

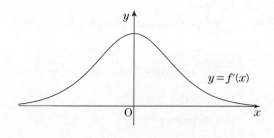

正規分布を考えるときの確率密度関数のグラフに似ている．最近では，ロジスティック曲線（ロジスティック関数のグラフ）を統計に利用することもあるようだ．

さらに，$f'(x) = f(x)(1-f(x))$ と $f(0) = 0.5$ から微分方程式を解いて $f(x) = \dfrac{1}{1+e^{-x}}$ を特定することは可能である．それは後ほど．その準備として，微分方程式の基本解法を確認しておこう．2019 年の大分大学（医学部・前期）の問題である．

問題 1. 微分可能な x の関数 $f(x)$, $g(x)$ について以下の問いに答えなさい．

(1) $f(x)$ とその導関数 $f'(x)$ について，
$$f'(x) - f(x) = 0$$
が任意の実数 x に対して成り立つとき，関数 $f(x) \cdot e^{-x}$ は定数関数であることを示しなさい．ただし，e は自然対数の底とする．

(2) $g(x)$ とその導関数 $g'(x)$ について，
$$g'(x) - g(x) = x^2$$
が任意の実数 x に対して成り立ち，さらに $g(0) = 0$ とする．このとき，$x > 0$ においてつねに $g(x) > 0$ となることを示しなさい．

解 (1) $f'(x) - f(x) = 0$ の両辺に e^{-x} をかけると
$$f'(x)e^{-x} - f(x)e^{-x} = 0$$
である．左辺は $(f(x)e^{-x})'$ であるから，
$$(f(x)e^{-x})' = 0$$
であり，$f(x)e^{-x}$ は定数関数である．

(2) $g'(x) - g(x) = x^2$ の両辺に e^{-x} をかけると
$$g'(x)e^{-x} - g(x)e^{-x} = x^2 e^{-x}$$
である．左辺は $(g(x)e^{-x})'$ であり，$g(0) = 0$ であるから，
$$g(x)e^{-x} = \int_0^x t^2 e^{-t} dt$$
である．$x > 0$ のとき，$0 < t < x$ で $t^2 e^{-t} > 0$ であるから，$g(x)e^{-x} > 0$ で，$e^{-x} > 0$ であるから，$g(x) > 0$ が成り立つ．

*　　　　　　　　*

(1) では，$f(0) = a$ といった条件があれば，
$$f(x) = ae^x$$
と求まる．$f'(x) - f(x) = 0$ は，$f(x) = 0$ となることがない場合，
$$\frac{f'(x)}{f(x)} = 1 \quad \therefore \quad (\log|f(x)|)' = 1$$
であるから，実数 C を用いて
$$\log|f(x)| = x + C$$

と表せる．e^C, $-e^C$ のうち符号が合う方を A とおいて
$$f(x) = Ae^x$$
である．ここで，$A \neq 0$ である．

一方，今回の方法であれば，$f(x) = 0$ となることがあっても気にならないし，$f(x) = 0$ となることがある関数は
$$f(x) = 0 \text{（つねに）}$$
のみであることが分かる（つまり，$A = 0$）．

少し一般化してみよう．
$$f(0) = 1, \quad f'(x) = 2f(x) - 6$$
ではどうだろう？

右辺が $2(f(x) - 3)$ で，左辺は $(f(x) - 3)'$ と見なすことができるから，
$$(f(x) - 3)' = 2(f(x) - 3)$$
である．移項して e^{-2x} をかけると
$$e^{-2x}(f(x) - 3)' - 2e^{-2x}(f(x) - 3) = 0$$
$$\therefore \quad (e^{-2x}(f(x) - 3))' = 0$$
である．これは，$e^{-2x}(f(x) - 3)$ が定数関数ということである．$x = 0$ のときの値が -2 であるから，
$$e^{-2x}(f(x) - 3) = -2 \quad \therefore \quad f(x) = 3 - 2e^{2x}$$

公式化すると
$$f(0) = a, \quad f'(x) = bf(x) + c \quad (b \neq 0)$$
のときは…
$$f(x) = -\frac{c}{b} + \left(a + \frac{c}{b}\right)e^{bx}$$
である．これを導くには，
$$\left(f(x) + \frac{c}{b}\right)' = b\left(f(x) + \frac{c}{b}\right)$$
と変形してから，上と同じようにすれば良い．

(2) では，部分積分の計算をすることで
$$g(x) = 2e^x - x^2 - 2x - 2$$
と求めることもできる．以下の通りである．
$$\begin{aligned}
g(x) &= e^x \int_0^x t^2 e^{-t} dt \\
&= e^x \left(\int_0^x t^2 (-e^{-t})' dt\right) \\
&= e^x \left([t^2(-e^{-t})]_0^x - \int_0^x 2t(-e^{-t}) dt\right) \\
&= e^x \left(-x^2 e^{-x} - [2te^{-t}]_0^x + \int_0^x 2(-e^{-t}) dt\right) \\
&= e^x \left(-x^2 e^{-x} - 2xe^{-x} + [-2e^{-t}]_0^x\right) \\
&= e^x \left(-x^2 e^{-x} - 2xe^{-x} - 2e^{-x} + 2\right) \\
&= 2e^x - x^2 - 2x - 2
\end{aligned}$$
ここから $g(x) > 0$ を示すのは少し手間がかかる．

*　　　　　　　　*

さて，では，ロジスティック方程式に行ってみよう．

問題 2. 微分可能な関数 $f(x)$ は，正の値をとり，
$$f(0)=0.5, \quad f'(x)=f(x)(1-f(x))$$
を満たしている．
(1) $g(x)=\dfrac{1}{f(x)}$ とおく．$g'(x)$ を $g(x)$ の式で表せ．
(2) $g(x)$ を求め，$f(x)$ を求めよ．

 (1) $g'(x)=\dfrac{-f'(x)}{(f(x))^2}$ より，$f'(x)=-g'(x)(f(x))^2$
で，これを代入して
$$-g'(x)(f(x))^2 = f(x)(1-f(x))$$
$$\therefore \quad g'(x) = -g(x)+1$$
(2) $(g(x)-1)' = -(g(x)-1)$
であり，$g(0)-1 = 2-1 = 1$ であるから，
$$g(x)-1 = e^{-x}$$
$$\therefore \quad g(x) = 1+e^{-x}$$
である．よって，
$$f(x) = \dfrac{1}{1+e^{-x}}$$

*   *

逆数をとることでスムーズに解けた！

実は，シグモイド関数（ロジスティック関数）は，人工知能でも用いられている．関数を近似するのにシグモイド関数を使うのである．例えば，シグモイド関数の x に1次式を代入して得られる関数をいくつか組み合わせると，面白いことが起こる．例えば，
$$f_1(x)=\dfrac{1}{1+e^{-x}}, \quad f_2(x)=\dfrac{1}{1+e^{-(x+2)}},$$
$$f_3(x)=\dfrac{1}{1+e^{-2(x-3)}}$$
とすると

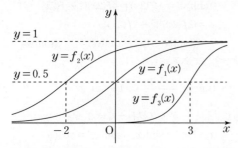

となる．$f_1(x)$ がオリジナルのロジスティック関数である．3つを加えて
$$T(x) = f_1(x)+f_2(x)+f_3(x)$$
とおくと，

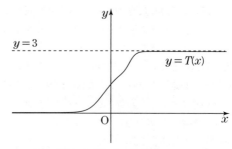

となる．これは拙著「統計的な推測とその周辺」では，項目反応理論（IRT）という偏差値に変わるテスト等化理論を解説する中で登場する関数である．
$$g(x) = \dfrac{1}{1+e^{-20(x+0.25)}} + \dfrac{1}{1+e^{20(x-0.25)}} + 1$$
とおくと，面白いグラフを描くことができる．$x=0$ で $y≒1$ となる左右対称なグラフで，y 軸から少し離れると $y≒0$ となる（下左図）．
$$y = 1.5g(x+1)+g(x)+0.5g(x-1)$$
と，高さを変えつつ平行移動したものを3つ加えると，下右図のように希望の高さの山を希望の位置に置ける．

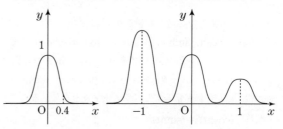

このように，係数を調整しながら，たくさん加えると，あらゆる曲線を近似できる．この性質を利用して，「与えられた未知の関数の近似値を推定する」のが人工知能である．推定とは，最適な係数を探すことである．

例えば，$y=x^3-3x$ を近似してみよう．ここでは，人"力"知能による．$f(x)=\dfrac{1}{1+e^{-x}}$ として
$$y = -3+5f(10(x-2.4))+6.2f(5(x-1.8))$$
$$\quad -4.8f(2.8x)+1.4f(5(x+1.5))+6f(5(x+2))$$
としてみると，次のようになった！

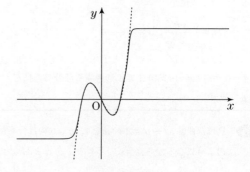

人力の限界で微妙な誤差は残るが，キレイに近似できる．しかし，シグモイド関数を利用すると，y軸からある程度離れたらほぼ横線になってしまう．調整していない範囲は近似できない．人工知能で言うと，学習させていないことは推定できない．そんな様子が見えるのは面白い．ということで，人工知能のベースに，シグモイド関数による関数の近似があるのだ．これらについては，先述の拙著に少し詳しく書いてある．

シグモイド関数と1次式の合成で$y=2f(2x)-1$というものを作ると，
$$\frac{2}{1+e^{-2x}}-1=\frac{1-e^{-2x}}{1+e^{-2x}}=\frac{e^x-e^{-x}}{e^x+e^{-x}}$$
となる．これは，双曲線正接関数と呼ばれ，
$$\tanh x=\frac{e^x-e^{-x}}{e^x+e^{-x}}$$
と書く．ハイパボリックタンジェントである．もちろん，ハイパボリックのサイン，コサインもあって，
$$\cosh x=\frac{e^x+e^{-x}}{2},\ \sinh x=\frac{e^x-e^{-x}}{2}$$
である．2021年の共通テストでも登場した！

$\tanh$ は $\cosh$, $\sinh$ の比である．hyperbolic は "双曲線の" という意味の形容詞であり，$\cos$, $\sin$ が単位円 $x^2+y^2=1$ のパラメータ表示を与えるのと同様，$\cosh$, $\sinh$ は双曲線 $x^2-y^2=1$ のパラメータ表示を与える．
$$(\cosh t)^2-(\sinh t)^2$$
$$=\frac{e^{2t}+2+e^{-2t}}{4}-\frac{e^{2t}-2+e^{-2t}}{4}=1$$
である．ただし，$\cosh t>0$であるから，$(\cosh t,\ \sinh t)$は$x^2-y^2=1$の$x>0$の部分を動く．

また，$\cosh t$, $\sinh t$は双曲線で面積を考えるときの置換積分で使われることがあり，入試問題のテーマになることもある（円における三角関数と同様）．2019年一橋大（経済・後期）の問題を紹介しておこう．

問題 3. 座標平面上を運動する点 $P(x,\ y)$ の時刻tにおける座標が
$$x=\frac{e^t+e^{-t}}{2},\ y=\frac{e^t-e^{-t}}{2}$$
で与えられている．原点 O と P を結ぶ線分が時刻 $t=0$ から $t=s\ (s>0)$ までに通過する部分の面積をsで表せ．

解 P は双曲線 $x^2-y^2=1$ の $x\geqq 1$, $y\geqq 0$ の部分を動く．図のようになるから，$t=s$ のときの x を a とおくと，

求める面積は
$$\frac{1}{2}a\sqrt{1+a^2}-\int_1^a\frac{e^t-e^{-t}}{2}dx$$

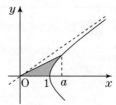

と表すことができる．ここで，
$$a=\frac{e^s+e^{-s}}{2},\ \sqrt{1+a^2}=\frac{e^s-e^{-s}}{2}$$
である．$\dfrac{dx}{dt}=\dfrac{e^t-e^{-t}}{2}$であるから，置換積分で$t$での積分にすることで，
$$\frac{1}{2}\cdot\frac{e^s+e^{-s}}{2}\cdot\frac{e^s-e^{-s}}{2}$$
$$-\int_0^s\frac{e^t-e^{-t}}{2}\cdot\frac{e^t-e^{-t}}{2}dt$$
$$=\frac{e^{2s}-e^{-2s}}{8}-\frac{1}{4}\int_0^s(e^{2t}-2+e^{-2t})dt$$
$$=\frac{e^{2s}-e^{-2s}}{8}-\frac{1}{4}\left[\frac{e^{2t}-e^{-2t}}{2}-2t\right]_0^s$$
$$=\frac{e^{2s}-e^{-2s}}{8}-\frac{e^{2s}-e^{-2s}}{8}+\frac{s}{2}$$
$$=\frac{s}{2}$$

*　　　　　*　　　　　*

単位円上の動点 $P(x,\ y)$ が時刻tで $(\cos t,\ \sin t)$ のとき，線分 OP が時刻 $t=0$ から $t=s\ (s>0)$ までに通過する部分の面積も，同じく$\dfrac{s}{2}$である．類似が著しい．

2007年の京大では，$\tanh$ をテーマにした問題が出題されている．それは
$$(\tanh x)'=1-(\tanh x)^2$$
という微分方程式が背景になっている．ロジスティック方程式 $f'(x)=f(x)(1-f(x))$ を満たす $f(x)$ を用いて表せる $\tanh x=2f(2x)-1$ は，
$$(\tanh x)'=4f'(2x)=4f(2x)(1-f(2x))$$
$$=(2f(2x))(2-2f(2x))$$
$$=(\tanh x+1)(1-\tanh x)=1-(\tanh x)^2$$
を満たすのである．ちなみに，
$$(\tan x)'=\frac{1}{\cos^2 x}=1+\tan^2 x$$
であり，＋と－が入れ替わっている．
$$(\cosh x)'=\sinh x,\ (\sinh x)'=\cosh x$$
$$(\cos x)'=-\sin x,\ (\sin x)'=\cos x$$
となっていて，ここでも共通する性質も多い．

（よしだのぶお／お茶ゼミ$\sqrt{}$＋）

数学証明ショートショート

短短話②

◆

e は無理数

矢崎 成俊

定理 自然対数の底 $e = \sum_{k=0}^{\infty} \dfrac{1}{k!}$ は無理数である．

前回（2025年8月号，短短話①），π が無理数であることを証明しました．自然対数の底 e が無理数であることも同様に e が有理数と仮定して背理法で証明されます．π と同様，e が無理数である事実は知っている人は多いけれども，その証明を見た人はずっと少ないでしょう．

e という記号はオイラー（Leonhard Euler, 1707-1783）によるものですが，なぜ e という文字を使ったのかは不明です．1744年に「連分数についての論文（A dissertation on continued fractions）」において，e の連分数表示を使って e が無理数であることを示しました．オイラーアーカイブ [1] のエーネストレム番号（Eneström index）[E71] から原論文とドイツ語版を，[2] から英語版を入手できます．

以下の証明は，ドゥ・スタヴィユ（Nicolas Dominique Marie Janot de Stainville, 1783-1828）の著作 [3, §232, pp.339-341] に記載の証明を改変したものです．フーリエ（Jean-Baptiste Joseph Fourier, 1768-1830）による証明として知られています．フーリエ自身はこの証明の著作を残していないようなのですが，ドゥ・スタヴィユが「この証明はポアンソ氏から私に伝えられたもので，彼はフーリエ氏から伝授されたと私に言った [3, p.341]」と注意書きを述べているからです（ポワンソ（Louis Poinsot, 1777-1859））．

証明 e が有理数であるとして，正の整数 a, b に対して $e = \dfrac{a}{b}$ とおくと，$be = a$ であるから，任意の整数 $n \geq 0$ に対して，$n!be = n!a$ が成り立つ．しかし，右辺 $n!a$ は整数であるが，左辺 $n!be$ は n が十分に大きいと整数にならない．実際，

$$e = \sum_{k=0}^{n} \frac{1}{k!} + \sum_{k=n+1}^{\infty} \frac{1}{k!}$$

と分解すると，

$$n!be = b\sum_{k=0}^{n} \frac{n!}{k!} + b\sum_{k=1}^{\infty} \frac{n!}{(n+k)!}$$

となり，第1項は整数だが，第2項の和は

$$\frac{1}{n+1} < \sum_{k=1}^{\infty} \frac{n!}{(n+k)!} < \sum_{k=1}^{\infty} \frac{1}{(n+1)^k} = \frac{1}{n}$$

のように評価されるので，n が十分に大きいとき，第2項は1より小さい正の数になるからである．よって，e は有理数ではない．∎

前回と合わせて e と π が無理数であることが示されました．（$e+\pi, e\pi, \pi^e$ は無理数かどうか不明．e^π は無理数（ゲルフォントの定数）．）

参考文献

[1] The Euler Archive.
https://scholarlycommons.pacific.edu/euler/

[2] Leonhard Euler（著）; Bostwick F. Wyman & Myra F. Wyman（ラテン語の英訳）, An essay on continued fractions, *Math. Systems Theory* **18** (1985), pp.295–328.

[3] Janot de Stainville, Mélanges d'Analyse Algébrique et de Géométrie (A mixture of Algebraic Analysis and Geometry), Veuve Courcier, Paris, 1815.

（やざき しげとし／明治大学）

A Short Lecture Series
関数論

第 46 講

基本群（その17）

中村英樹

今稿は前稿（**その16**）での積み残し（といっても結構あるが）の講義である．前稿は「$W = W^{(G_1,G_2)}$ に対する $^{(1)}C \sqcup {}^{(2)}C$ – 基準語の本質的一意性定理」で終えている．今稿は此の定理の系から始まる．

定理46-32 の系 I

$G^{\langle R \rangle}$ を融合積群とし，$g \in \bar{G} \equiv G_1 G_2 \cong G^{\langle R \rangle}$ を表す語を $w(g) \in W = W^{(G_1,G_2)}$ とする．この下で，n 項語 $w(g) = g_1,\cdots,g_n$ が交代的な $(G_1 - r_1(S)) \sqcup (G_2 - r_2(S))$ – 語であれば，$w(g)$ の $^{(1)}C \sqcup {}^{(2)}C$ – 基準語は

$$\rho(w(g)) = \hat{s}, c_1, \cdots, c_n \quad (\hat{s} \in r_1(S))$$

と表される．

証明） $w(g)$ の $^{(1)}C \sqcup {}^{(2)}C$ – 基準語表示は**定理46-32** により本質的に一意であり，従って，**系**の命題を示すためには，$\rho(w(g))$ の交代語部分を $c_1, \cdots, c_\ell$ としたとき

$$(\text{☆}) \begin{cases} \ell = n \\ c_i \xleftrightarrow{\text{1対1}} g_i \ (1 \le i \le \ell = n) \end{cases}$$

となることを示せばよい．

（☆）を帰納法で示すが，この際，**定理46-32** の証明中の式を適宜引用する．

また，$w(g) = w$ と略記し，必要に応じて w に帰納法における添数を付してゆく．

$\underline{w_1 = g_n}$（単語）に対して

1) $g_n \in r_1(S) \ (g_n \in G_1)$ の場合

$\rho(w_1) = r_1(s), \check{g}_n$
$\qquad = r_1(s), c_n \quad (\text{と表す}).$

2) $g_n \in r_2(S) \ (g_n \in G_2)$ の場合

$\rho(w_1) = r_1(t), \check{g}_n$
$\qquad = r_1(t), c_n.$

（この c_n はもちろん既述の " c_n " とは意味が違う）

従って 1), 2) のいずれの場合でも

$$\begin{cases} w_1 \text{ の項数 } \#w_1 = 1 = \ell(\rho(w_1)) \\ g_n \xleftrightarrow{\quad} c_n = \check{g}_n. \end{cases}$$

$\underline{w_{n-1} = g_2, \cdots, g_n}$（$(n-1)$ 項 $(G_1 - r_1(s)) \sqcup (G_2 - r_2(s))$ – 交代語）に対して

$$\rho(w_{n-1}) = r_1(t), c_2, \cdots, c_n \quad (t \in S)$$

かつ

$$g_j \xleftrightarrow{\quad} c_j \ (2 \le j \le n)$$

と仮定する（$c_2, \cdots, c_n$ は $(^{(1)}C - r_1(S)) \sqcup {}^{(2)}C - r_2(S))$ – 交代語で，もちろん $\#w_{n-1} = n-1 = \ell(\rho(w_{n-1}))$ である）．

$w = g_1 * w_{n-1} = g_1, g_2, \cdots, g_n$（$n$ 項 $(G_1 - r_1(s)) \sqcup (G_2 - r_2(s))$ – 交代語）に対して

$\rho(w) = \rho(g_1, \rho(w_{n-1}))$
$\qquad = \rho(g_1, r_1(t), c_2, \cdots, c_n) \quad (*)$

となる．g_1 に対して以下のように場合分けが生ずる．

・$g_1 \in r_1(S) \ (g_1 \in G_1)$ の場合

まず，$c_2 \in {}^{(1)}C - r_1(S)$ とすれば，

式 $(*) = \rho(g_1 r_1(t) c_2, c_3, \cdots, c_n)$

となって ρ かゝる語が <u>n 項交代語</u>である前提条件に反する．従って**定理 46-32** により
$$c_2 \in {}^{(2)}C - r_2(S)$$
でなくてはならない（選言三段論法）．
このとき，
$$\rho(w) = \rho(g_1 r_1(t), c_2, \cdots, c_n) \quad (c_2 \in {}^{(2)}C - r_2(S))$$
となる．$g_1 r_1(t) \underset{\text{put}}{=} g_1' \in G_1 - r_1(S)$ であるから，$g_1'(\check{g}_1')^{-1} \in r_1(S)$ なる $\check{g}_1' \in G_1 - r_1(S)$ が存在するので，$g_1'(\check{g}_1')^{-1} = r_1(s)$ $(s \in S)$ と表せて
$$\left.\begin{array}{l} s = r_1^{-1}(g_1'(\check{g}_1')^{-1}) \\ \text{with } g_1' = g_1 r_1(t) \end{array}\right\} \quad (\text{a})$$
従って
$$\rho(w) = r_1(s), \check{g}_1', c_2, \cdots, c_n$$
$$\text{with (a)}.$$
$\check{g}_1' = c_1$ とおけば，
$$\begin{cases} \#w = n = l(\rho(w)) \\ g_i \longleftrightarrow c_i \quad (1 \leq i \leq n). \end{cases}$$

- $g_1 \in r_2(S)$ $(g_1 \in G_2)$ の場合

このときも前提条件に反しないためには
$$c_2 \in G_1 - r_1(S)$$
でなくてはならない（ことが示される）．
従って
$$\rho(w) = \rho(g_1, r_1(t)c_2, c_3, \cdots, c_n)$$
$$(c_2 \in {}^{(1)}C - r_1(S))$$
となる．$g_1(\check{g}_1)^{-1} \in r_2(S)$ が存在するので，$g_1(\check{g}_1)^{-1} = r_1(s)$ $(s \in S)$ と表せて
$$s = r_1^{-1}(g_1(\check{g}_1)^{-1}). \quad (\text{b})$$
従って
$$\rho(w) = r_1(s), \check{g}_1, r_1(t)c_2, c_3, \cdots, c_n$$
$$\text{with (b)}.$$
$\check{g}_1 = c_1$ とおき，$r_1(t)c_2$ を改めて c_2 とみれば
$$\begin{cases} \#w = n = \ell(\rho(w)) \\ g_i \longleftrightarrow c_i \quad (1 \leq i \leq n). \end{cases}$$
以上で（☆）は示されたことになる．（**証終**）

$g_R \in G^{\langle R \rangle}$ に対しては $w(g_R) = g_{1R}, \cdots, g_{nR}$ となるが，これを $w(g) = g_1, \cdots, g_n$ と同一視して議論した：この意味で $\underline{w(g_R) \in W^{(G_1, G_2)}}$ である（以下，このような記述をすることは時折ある）．

この系における $w \equiv w(g) = g_1, \cdots, g_n$ に対しては $\rho(w) = e^{(1)}, g_1, \cdots, g_n$ とみてよい．すなわち，
$$\rho(w) = r_1(e^{(S)}), g_1, \cdots, g_n.$$
これは
$$\rho(w) = \hat{s}, c_1, \cdots, c_n$$
と基準語として同値である．

実際，
$$\rho(w) = \rho(g_1, \cdots, g_n) = \hat{s}, c_1, \cdots, c_n$$
であるから，$\rho(\rho(w)) = \rho(w)$ により
$$\begin{array}{c} \rho(\rho(g_1, \cdots, g_n)) = \rho(g_1, \cdots, g_n) \\ \parallel \qquad \qquad \parallel \\ \rho(\hat{s}, c_1, \cdots, c_n) \quad \rho(r_1(e^{(S)}), g_1, \cdots, g_n) \end{array}$$
となるので，基準語として
$$\hat{s}, c_1, \cdots, c_n \underset{\text{同値}}{=} e^{(1)}, g_1, \cdots, g_n$$
となる．◀

一般に $w_1, w_2 \in W^{(G_1, G_2)}$ に対して
$$(*) \begin{cases} \text{基準語として } \rho(w_1) \underset{\text{同値}}{=} \rho(w_2) \in W^{{}^{(1)}C, {}^{(2)}C} \\ \underset{\text{def}}{\iff} \text{語として} \quad w_1 \underset{\text{同値}}{=} w_2 \in W^{(G_1, G_2)} \end{cases}$$
である．

定理 46-32 の系 II

自由積群 $G = G_1 * G_2$ においては，任意の $g \in G$ $(g \neq e^{(G)})$ を表す語 $w(g)$ は交代的な $G_1 \sqcup G_2$ - 語によって一意に表される．

証明）自由積群 G は $R = S(r_1, r_2) \subset G$ において S が自明なときの融合積群に他ならない．

従って単位元でない任意の $g \in G$ の語 $w(g)$ は
$$(G_1 - r_1(S)) \sqcup (G_2 - r_2(S))$$
$$= (G_1 - \{e^{(1)}\}) \sqcup (G_2 - \{e^{(2)}\})$$
における交代語，すなわち，$G_1 \sqcup G_2$ - 交代語であり，そしてそれは**定理 46-32 の系 I** により一意である．（**証終**）

以下，少しのセミナーである（記号の意味はこれまで通り）．

読者の演習 11 融合積群 $G^{\langle R \rangle}$ の中心を $Z(G^{\langle R \rangle})$ とする．そこで任意の $\overset{\circ}{g}_R \in Z(G^{\langle R \rangle})$ を表す語を $w(\overset{\circ}{g}_R) \in W^{(G_1, G_2)}$ としたとき，
$$l(\rho(w(\overset{\circ}{g}_R))) = 0$$
であることを示せ．

読者の演習 12 $g_R \in G^{\langle R \rangle} = (\alpha^{\mathbb{Z}} * \beta^{\mathbb{Z}})^{\langle \alpha^p * \beta^{-q} \rangle}$ $(\alpha * \beta \not\equiv \beta * \alpha)$，および $W = W^{(\alpha^{\mathbb{Z}}, \beta^{\mathbb{Z}})}$ として以下の (1), (2) の場合での $w(g_R) \in W$ を $^{(\alpha)}C \sqcup ^{(\beta)}C$ – 基準語で表せ（1通りの基準語でよい）．こゝに $^{(\alpha)}C$ は $p_\alpha(\mathbb{Z}) = \alpha^{p\mathbb{Z}}$ による $G = \alpha^{\mathbb{Z}} * \beta^{\mathbb{Z}}$ の（右）cosets の全体とする（$^{(\beta)}C$ についても同様）．

(1) $w(g_R) = \alpha^p, \beta^q$.

(2) $w(g_R) = \alpha^{p+1}, \beta^{q+1}$.

系 II が言明するかんたんな例を挙げておく：
α, β を独立な生成元とする自由積群 $G = \alpha^{\mathbb{Z}} * \beta^{\mathbb{Z}}$（$\alpha * \beta \not\equiv \beta * \alpha$ とは限らない）において $g = \alpha * \beta \in G$ をとれば，$g \not\equiv e^{(G)}$ であって
$$w(g) = \alpha, \beta$$
は g を表す交代的な $(\alpha^{\mathbb{Z}} - \{e^{(\alpha)}\}) \sqcup (\beta^{\mathbb{Z}} - \{e^{(\beta)}\})$ – 語である．このとき，この $w(g)$ の基準語は
$$\rho(w(g)) = p_\alpha(0), \alpha, \beta$$
$$(p_\alpha(0) = e^{(\alpha)} \text{ は } \alpha^{\mathbb{Z}} \text{ の単位元})$$
だけである．従って**系 I** により $\rho(w(g))$ の交代語部分 α, β は $w(g)$ を一意に定める．

当然，一般の $g = \alpha^m * \beta^n$
$$(m \not= 0 \text{ or } n \not= 0)$$
に対しても同様である．

定理 46-32 およびその**系**の有益さは 次のような定理に適用できる処にみられる．

定理 46-33 $G = G_1 * G_2$（自由積群），$\langle R \rangle = \langle S(r_1, r_2) \rangle$ の融合積群 $G^{\langle R \rangle}$ において位数有限の元は G_1 または G_2 における位数有限の元の共役元である．

証 明）$g_R \in G^{\langle R \rangle} = a_1(G_1) a_2(G_2)$ を表す語 $w(g_R)$ を $w \equiv w(g_R) \in W - W^{(G_1, G_2)}$ とみて w の $^{(1)}C \sqcup ^{(2)}C$ – 基準語の長さを $l(\rho(w))$ とする．

$l(\rho(w)) \geq 2$ のとき

定理 46-32 の系 I により
$$g_R = g_{1R}^{(1)}, g_{1R}^{(2)}, \cdots, g_{nR}^{(1)}, g_{nR}^{(2)}$$
$$\updownarrow \quad \updownarrow \qquad \updownarrow \quad \updownarrow$$
$w = w(g_R)$ の交代語部分 $= c_1, c_2, \cdots, c_{2n-1}, c_{2n}$
$$\tag{1}$$
$$\left(\begin{array}{l} g_{iR}^{(1)} \in a_1(G_1) - a_1(r_1(S)) \\ g_{iR}^{(2)} \in a_2(G_2) - a_2(r_2(S)) \end{array} (1 \leq i \leq n) \right)$$

なる対応がつく．

従って $g_R = [(g_1^{(1)} * g_1^{(2)}) * \cdots * (g_n^{(1)} * g_n^{(2)})]_R$ において
$$g_1^{(1)} * g_1^{(2)} \not\equiv r_1(s_1) * r_2(s_1^{-1})$$
$$\vdots$$
$$g_n^{(1)} * g_n^{(2)} \not\equiv r_1(s_n) * r_n(s_n^{-1})$$
$$(s_1, \cdots, s_n \in S)$$

であるから，
$$(g_1^{(1)} * g_1^{(2)}) * \cdots * (g_n^{(1)} * g_n^{(2)})$$
$$\not\equiv (r_1(s_1) * r_2(s_1^{-1})) * \cdots * (r_1(s_n) * r_2(s_n^{-1})).$$
$$\tag{2}$$

この式は自明ではないので，このことを示すため，左右辺を語 $\in W^{(G_1, G_2)}$ で表し，背理法で示す：
$$u \equiv g_1^{(1)}, g_1^{(2)}, \cdots, g_n^{(1)}, g_n^{(2)}$$
$$\parallel$$
$$v \equiv r_1(s_1), r_2(s_1^{-1}), \cdots, r_1(s_n), r_2(s_n^{-1})$$

と仮定する．そうすると，これらに対する基準語は，$(\rho(u) = \hat{s}_1, c_1, c_2, \cdots, c_{2n-1}, c_n$ とみてよ

いので，)
$$\rho(u) = \hat{s}, c_1, c_2, \cdots, c_{2n-1}, c_n \ (\hat{s} \in r_1(S))$$
$$\parallel$$
$$\rho(v) = \rho(e^{(G)}) = e^{(1)} = r_1(e^{(S)})$$
($e^{(G)}$ は G の単位元, $e^{(S)}$ は S の単位元, $e^{(1)}$ は G_1 の単位元)

となって矛盾．従って式 (2) は成り立つ．◀

そこで g_R が有限巡回群の生成元であれば，ある $m_0 \in \mathbb{Z}$ があって
$$g_R^{m_0} = e^{(G^{\langle R \rangle})} \ (e^{(G^{\langle R \rangle})} は G^{\langle R \rangle} の単位元).$$

このことは
$$\left(\underset{j=1}{\overset{n}{*}} (g_j^{(1)} * g_j^{(2)}) \right)^{m_0} = \left(\underset{j=1}{\overset{n}{*}} (r_1(s_j) * r_2(s_j^{-1})) \right)^{m_0}$$

と同値．然し，式 (2) の証明と同様に ($2n$ 項語に対する m_0 個の積を考えればよい)，この式は成り立たない．

ゆえに g_R は有限巡回しない．

従って g_R が有限巡回するためには $l(\rho(w(g_R))) \leq 1$ であることが必要．

このとき，
$$g_R \in a_k(G_k) \ (k = 1 \text{ or } 2) \tag{3}$$

となることは容易に示される．従って g_R が有限巡回群の生成元であれば，ある $m_0 \in \mathbb{Z}$ があって
$$g_R^{m_0} = e^{(G^{\langle R \rangle})}. \tag{4}$$

$a_k(G_k)$ は $G^{\langle R \rangle} = a_1(G_1) a_2(G_2)$ の正規部分群であるから，$\tilde{g}_R \in G^{\langle R \rangle}$ を任意として，式 (4) より
$$g_R = (\tilde{g}_R)^{\pm 1} g_R^{(k)} (\tilde{g}_R)^{\mp 1} \ \text{for} \ \exists g_R^{(k)} \in a_k(G_k)$$
(複号同順)

をうる．（証終）

この証明中の式 (3) について comment しておく．

g_R が $l(\rho(w(g_R))) = 0$ or 1 なるもの，というのは (**その 15**) における **例 1〜3** の場合で尽くされている．その際，$g_R \in a_1(G_1) \cup a_2(G_2)$ と述べてある．実際，以下のようにして比の事は判る．まず，**例 1〜3** を再録すると，$g_R = g_R^{(1)} g_R^{(2)}$ ($= g_{1R}^{(1)} g_{1R}^{(2)}$) として

例 1) $g_R^{(1)} \in a_1(r_1(S)), g_R^{(2)} \in a_2(r_2(S))$.

例 2) $g_R^{(1)} \in a_1(r_1(S)), g_R^{(2)} \in a_2(G_2) - a_2(r_2(S))$.

例 3) $g_R^{(1)} \in a_1(G_2) - a_1(r_1(S)), g_R^{(2)} \in a_2(r_2(S))$.

これらのうちで，**例 3** の場合では
$$g_R^{(2)} = a_2(r_2(t)) = a_1(r_1(t)) \ (t \in S)$$
と表されるから，
$$g_R = g_R^{(1)} g_R^{(2)} = g_R^{(1)} a_1(r_1(t))$$
$$= (g^{(1)} r_1(t))_R \in a_1(G_1)$$

となるので，$g^{(1)} r_1(t) = g'^{(1)}$ と単語化したとみればよいわけである．

例 1 と 2 でも同様．

$g_R \in a_1(G_1) \cup a_2(G_2)$ では g_R を上述のように $a_k(G_k)$ - 単語化することはできない．

g_R が $a_k(G_k)$ - 単語化できても有限巡回しないのであれば，$a_k(G_k)$ - 単語化できない g_R はまして有限巡回しない．

例えば，$G^{\langle R \rangle} = (\alpha^\mathbb{Z} * \beta^\mathbb{Z})^{\langle \alpha^p * \beta^{-q} \rangle}$ として $g_R \in G^{\langle R \rangle}$ を $g_R = (\alpha_R)^p (\beta_R)^{q+1}$ とすれば，$l(\rho(w(g_R))) = 1$ であって $g_R = (\beta_R)^{2q+1} \in (\beta_R)^\mathbb{Z}$ となる．この g_R はもちろん有限巡回しない．

一方，$g_R = (\alpha_R)^{p+1} (\beta_R)^{q+1}$ とすれば，$l(\rho(w(g_R))) = 2$ であって $g_R \in (\alpha_R)^\mathbb{Z} \cup (\beta_R)^\mathbb{Z}$ である．この g_R はなお有限巡回しない．

$G^{\langle R \rangle} = (\alpha^\mathbb{Z} * \beta^\mathbb{Z})^{\langle \alpha^p * \beta^{-q} \rangle}$ には単位元を除いて位数有限の元は無いわけである．

（なかむら　ひでき）

しゃべくり線型代数 [102]

西郷甲矢人 × 能美十三

II. 合同算術に関する結合律

S（西郷）：前回は $\binom{\overline{\mathrm{mod}}}{\mathrm{mod}} \circ (s \times 1)$ の域，余域がモノイド叢としての構造を持つことを確認しようとして，余域の結合律以外については確認が終わったのだった．

N（能美）：問題となっていたのは余域のモノイド叢構造

$$\langle N^2,\ N^2 \xrightarrow{+} N,\ R_+ \xrightarrow{r_+} N^2 \times N^2,\ \mu',\ u' \rangle$$

だった．r_+ は $N^2 \xrightarrow{+} N$ の核対に対応する $N^2 \times N^2$ の部分で，μ' は

$$\mu' := \binom{\overline{\mathrm{mod}}}{\mathrm{mod}} \circ (s \times 1) \circ (1 \times \mu) \circ \binom{+ \circ \pi^1}{\pi^2 \times \pi^2} \circ r_+$$

で定められる射だった．u' は N のモノイド構造として和を考えるか積を考えるかで変わって，和の場合は $u' = \binom{1}{0 \circ !}$，積の場合は

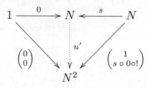

を可換にする一意な射だった．問題は結合律だから，$\overline{R}_+ \xrightarrow{\overline{r}_+} R_+^2$ を

$$\begin{array}{ccc}
\overline{R}_+ & \xrightarrow{\pi^2 \circ \overline{r}_+} & R_+ \\
{\scriptstyle \pi^1 \circ \overline{r}_+} \downarrow & & \downarrow {\scriptstyle \pi^1 \circ r_+} \\
R_+ & \xrightarrow{\pi^2 \circ r_+} & N^2
\end{array}$$

が引き戻しとなるようなものとして定めると，射 $\overline{R}_+ \xrightarrow{\tilde{r}_+} R_+^2$ で

$$\begin{array}{ccc}
\overline{R}_+ & \xrightarrow{\tilde{r}_+} & R_+^2 \\
{\scriptstyle \overline{r}_+} \downarrow & & \downarrow {\scriptstyle \binom{\mu' \times \pi^2 \circ r_+}{\pi^1 \circ r_+ \times \mu'}} \\
R_+^2 & \xrightarrow{r_+ \times r_+} & (N^2 \times N^2)^2
\end{array}$$

を可換にするものが一意に存在する．このときに

$$\begin{array}{ccc}
\bar{R}_+ & \xrightarrow{\pi^2 \circ \tilde{r}_+} & R_+ \\
{\scriptstyle \pi^1 \circ \tilde{r}_+} \downarrow & & \downarrow {\scriptstyle \mu'} \\
R_+ & \xrightarrow[\mu']{} & M
\end{array}$$

が可換かという話だ．

S：これは合同算術の結合律と関わる話だ．つまり，除数 $a+1$，被除数 b_1, b_2, b_3 に対して

$$\mathrm{mod} \circ \begin{pmatrix} a+1 \\ \mathrm{mod} \circ \begin{pmatrix} a+1 \\ b_1+b_2 \end{pmatrix} + b_3 \end{pmatrix} = \mathrm{mod} \circ \begin{pmatrix} a+1 \\ b_1 + \mathrm{mod} \circ \begin{pmatrix} a+1 \\ b_2+b_3 \end{pmatrix} \end{pmatrix}$$

$$\mathrm{mod} \circ \begin{pmatrix} a+1 \\ \mathrm{mod} \circ \begin{pmatrix} a+1 \\ b_1 \cdot b_2 \end{pmatrix} \cdot b_3 \end{pmatrix} = \mathrm{mod} \circ \begin{pmatrix} a+1 \\ b_1 \cdot \mathrm{mod} \circ \begin{pmatrix} a+1 \\ b_2 \cdot b_3 \end{pmatrix} \end{pmatrix}$$

が成り立つということが背景にある．証明には前々回示した関係式：

$$\begin{pmatrix} \pi^1 \\ \mathrm{mod} \end{pmatrix} \circ (1 \times \mu) = \begin{pmatrix} \pi^1 \\ \mathrm{mod} \end{pmatrix} \circ (1 \times \mu) \circ \begin{pmatrix} \pi^1 \\ \begin{pmatrix} \mathrm{mod} \circ (1 \times \pi^1) \\ \mathrm{mod} \circ (1 \times \pi^2) \end{pmatrix} \end{pmatrix} \tag{100.3}$$

および $\begin{pmatrix} \pi^1 \\ \mathrm{mod} \end{pmatrix}$ の冪等性が重要になる[※1]．見てわかりやすいように和の場合について考えると，(100.3) により和の余りは余りをとってから和の余りを考えることと等しかったから，左辺が

$$\mathrm{mod} \circ \begin{pmatrix} a+1 \\ \mathrm{mod} \circ \begin{pmatrix} a+1 \\ b_1+b_2 \end{pmatrix} + b_3 \end{pmatrix} = \mathrm{mod} \circ \begin{pmatrix} a+1 \\ \mathrm{mod} \circ \begin{pmatrix} a+1 \\ \mathrm{mod} \circ \begin{pmatrix} a+1 \\ b_1+b_2 \end{pmatrix} \end{pmatrix} + \mathrm{mod} \circ \begin{pmatrix} a+1 \\ b_3 \end{pmatrix} \end{pmatrix}$$

と変形できる．$\begin{pmatrix} \pi^1 \\ \mathrm{mod} \end{pmatrix}$ の冪等性によって

$$\mathrm{mod} \circ \begin{pmatrix} a+1 \\ \mathrm{mod} \circ \begin{pmatrix} a+1 \\ b_1+b_2 \end{pmatrix} \end{pmatrix} = \mathrm{mod} \circ \begin{pmatrix} a+1 \\ b_1+b_2 \end{pmatrix}$$

だから，今度は (100.3) を逆向きに使えるかたちになって

$$\mathrm{mod} \circ \begin{pmatrix} \mathrm{mod} \circ \begin{pmatrix} a+1 \\ \mathrm{mod} \circ \begin{pmatrix} a+1 \\ b_1+b_2 \end{pmatrix} \end{pmatrix} + \mathrm{mod} \circ \begin{pmatrix} a+1 \\ b_3 \end{pmatrix} \end{pmatrix} = \mathrm{mod} \circ \begin{pmatrix} a+1 \\ \mathrm{mod} \circ \begin{pmatrix} a+1 \\ b_1+b_2 \end{pmatrix} + \mathrm{mod} \circ \begin{pmatrix} a+1 \\ b_3 \end{pmatrix} \end{pmatrix}$$

$$= \mathrm{mod} \circ \begin{pmatrix} a+1 \\ (b_1+b_2)+b_3 \end{pmatrix}$$

となる．まったく同様にして右辺が

$$\mathrm{mod} \circ \begin{pmatrix} a+1 \\ b_1+(b_2+b_3) \end{pmatrix}$$

に等しいことがわかるから，後は和の結合律の話となる．

N：へえ，うまくいくもんだな．N の演算を μ で書けばどちらの場合も同じかたちに表せて，左辺は

$$\mathrm{mod} \circ (1 \times \mu) \circ \begin{pmatrix} (\mathrm{mod} \circ (1 \times \mu) \times 1) \circ \begin{pmatrix} \pi^1 \\ \pi^2 \circ \pi^1 \\ \pi^2 \circ \pi^2 \end{pmatrix} \end{pmatrix} \circ \begin{pmatrix} \begin{pmatrix} a+1 \\ \begin{pmatrix} b_1 \\ b_2 \\ b_3 \end{pmatrix} \end{pmatrix} \end{pmatrix}$$

[※1] 第 100 回（現代数学 2025 年 7 月号）の第 2 節．

で，右辺は

$$\mathrm{mod} \circ (1 \times \mu) \circ \begin{pmatrix} \pi^1 \\ (1 \times \mathrm{mod} \circ (1 \times \mu)) \circ \begin{pmatrix} \pi^1 \circ \pi^2 \\ 1 \times \pi^2 \end{pmatrix} \end{pmatrix} \circ \left(\begin{pmatrix} a+1 \\ b_1 \\ b_2 \\ b_3 \end{pmatrix} \right)$$

となる．$1 \times \begin{pmatrix} \pi^1 \circ \pi^1 \\ \pi^2 \times 1 \end{pmatrix}$ を合成すれば左辺と同じく $\left(\begin{pmatrix} a+1 \\ b_1 \\ b_2 \\ b_3 \end{pmatrix} \right)$ に対する作用となる．見やすいように $\overline{\mu} = \mathrm{mod} \circ (1 \times \mu)$ とおけば，(100.3) は

$$\overline{\mu} = \overline{\mu} \circ \begin{pmatrix} \pi^1 \\ \begin{pmatrix} \mathrm{mod} \circ (1 \times \pi^1) \\ \mathrm{mod} \circ (1 \times \pi^2) \end{pmatrix} \end{pmatrix} \tag{102.1}$$

と書き換えられる．まずこれによって左辺に対応する射は

$$\overline{\mu} \circ \begin{pmatrix} \pi^1 \\ (\overline{\mu} \times 1) \circ \begin{pmatrix} 1 \times \pi^1 \\ \pi^2 \circ \pi^2 \end{pmatrix} \end{pmatrix} = \overline{\mu} \circ \begin{pmatrix} \pi^1 \\ \begin{pmatrix} \mathrm{mod} \circ (1 \times \pi^1) \\ \mathrm{mod} \circ (1 \times \pi^2) \end{pmatrix} \end{pmatrix} \circ (\overline{\mu} \times 1) \circ \begin{pmatrix} 1 \times \pi^1 \\ \pi^2 \circ \pi^2 \end{pmatrix}$$

$$= \overline{\mu} \circ \begin{pmatrix} \pi^1 \\ \begin{pmatrix} \mathrm{mod} \circ \begin{pmatrix} \pi^1 \\ \overline{\mu} \circ (1 \times \pi^1) \end{pmatrix} \\ \mathrm{mod} \circ (1 \times \pi^2) \end{pmatrix} \end{pmatrix}$$

と変形できる．$\begin{pmatrix} \pi^1 \\ \mathrm{mod} \end{pmatrix}$ の冪等性によって

$$\mathrm{mod} \circ \begin{pmatrix} \pi^1 \\ \overline{\mu} \circ (1 \times \pi^1) \end{pmatrix} = \mathrm{mod} \circ \begin{pmatrix} \pi^1 \\ \mathrm{mod} \end{pmatrix} \circ (1 \times \mu) \circ (1 \times \pi^1)$$
$$= \mathrm{mod} \circ (1 \times \mu) \circ (1 \times \pi^1)$$

だから，

$$\overline{\mu} \circ \begin{pmatrix} \pi^1 \\ \begin{pmatrix} \mathrm{mod} \circ \begin{pmatrix} \pi^1 \\ \overline{\mu} \circ (1 \times \pi^1) \end{pmatrix} \\ \mathrm{mod} \circ (1 \times \pi^2) \end{pmatrix} \end{pmatrix} = \overline{\mu} \circ \begin{pmatrix} \pi^1 \\ \begin{pmatrix} \mathrm{mod} \circ (1 \times \mu) \circ (1 \times \pi^1) \\ \mathrm{mod} \circ (1 \times \pi^2) \end{pmatrix} \end{pmatrix}$$

$$= \overline{\mu} \circ \begin{pmatrix} \pi^1 \\ \begin{pmatrix} \mathrm{mod} \circ (1 \times \pi^1) \\ \mathrm{mod} \circ (1 \times \pi^2) \end{pmatrix} \end{pmatrix} \circ (1 \times (\mu \times 1))$$

と変形できて，再度 (102.1) によって $\overline{\mu} \circ (1 \times (\mu \times 1))$ に等しいことがいえる．右辺に対応する射については

$$\overline{\mu} \circ (1 \times (1 \times \mu)) \circ \begin{pmatrix} 1 \times \begin{pmatrix} \pi^1 \circ \pi^1 \\ \pi^2 \times 1 \end{pmatrix} \end{pmatrix}$$

と変形できて，μ に対する結合律から両者は等しくなる．

2. 合同算術のモノイド叢準同型性

s：これで $\begin{pmatrix} \overline{\mathrm{mod}} \\ \mathrm{mod} \end{pmatrix} \circ (s \times 1)$ がモノイド叢間の射であることがわかった．これを e_+ とおこう．

次は当然 e_+ のモノイド叢準同型性を確認すべきだろう．e_+ の域のモノイド叢構造は

$$\left\langle N^2,\ N^2 \xrightarrow{\pi^1} N,\ N \times N^2 \xrightarrow{\begin{pmatrix} 1 \times \pi^1 \\ 1 \times \pi^2 \end{pmatrix}} N^2 \times N^2,\ 1 \times \mu,\ \begin{pmatrix} 1 \\ u \circ ! \end{pmatrix} \right\rangle$$

で余域は
$$\langle N^2,\ N^2 \xrightarrow{+} N,\ R_+ \xrightarrow{r_+} N^2 \times N^2,\ \mu',\ u' \rangle$$
だった．$+ \circ e_+$ について
$$+ \circ e_+ = + \circ \begin{pmatrix}\overline{\mathrm{mod}} \\ \mathrm{mod}\end{pmatrix} \circ (s \times 1) = \pi^1$$
と変形できる．また $e_+ \circ \begin{pmatrix} 1 \\ u \circ ! \end{pmatrix}$ については，そもそもこれが u' の定義だった[※2]．つまり

$$
\begin{array}{ccccc}
N^2 & \xrightarrow{\pi^1} & N & \xrightarrow{\begin{pmatrix}1\\u\circ!\end{pmatrix}} & N^2 \\
{\scriptstyle e_+}\downarrow & & \| & & \downarrow{\scriptstyle e_+} \\
N^2 & \xrightarrow{+} & N & \xrightarrow{u'} & N^2
\end{array}
$$

が可換だということで，射の組 $\langle e_+, 1_N \rangle$ がモノイド叢準同型なのではないかと当たりを付けられたことになる．

N：整合性条件，単位の対応が確認できたわけだから，後は演算の対応だな．射 $N \times N^2 \xrightarrow{\tilde{e}_+} R_+$ で

$$
\begin{array}{ccc}
N \times N^2 & \xrightarrow{\begin{pmatrix}1 \times \pi^1 \\ 1 \times \pi^2\end{pmatrix}} & N^2 \times N^2 \\
{\scriptstyle \tilde{e}_+}\downarrow & & \downarrow{\scriptstyle e_+ \times e_+} \\
R_+ & \xrightarrow{r_+} & N^2 \times N^2
\end{array}
$$

を可換にするものが一意に存在する．$\mu' \circ \tilde{e}_+$ は

$$\mu' \circ \tilde{e}_+ = \begin{pmatrix}\overline{\mathrm{mod}}\\\mathrm{mod}\end{pmatrix} \circ (s \times 1) \circ (1 \times \mu) \circ \begin{pmatrix}+\circ \pi^1 \\ \pi^2 \times \pi^2\end{pmatrix} \circ r_+ \circ \tilde{e}_+$$

$$= \begin{pmatrix}\overline{\mathrm{mod}}\\\mathrm{mod}\end{pmatrix} \circ (s \times 1) \circ (1 \times \mu) \circ \begin{pmatrix}+\circ \pi^1 \\ \pi^2 \times \pi^2\end{pmatrix} \circ \begin{pmatrix}e_+ \circ (1 \times \pi^1) \\ e_+ \circ (1 \times \pi^2)\end{pmatrix}$$

$$= \begin{pmatrix}\overline{\mathrm{mod}}\\\mathrm{mod}\end{pmatrix} \circ (s \times 1) \circ (1 \times \mu) \circ \begin{pmatrix}\pi^1 \\ \begin{pmatrix}\mathrm{mod}\circ(s\times 1)\circ(1\times\pi^1)\\\mathrm{mod}\circ(s\times 1)\circ(1\times\pi^2)\end{pmatrix}\end{pmatrix}$$

と変形できるから，$\begin{pmatrix}s \circ + \\ \pi^2\end{pmatrix}$ を合成すれば

$$\begin{pmatrix}s \circ + \\ \pi^2\end{pmatrix} \circ \mu' \circ \tilde{e}_+ = \begin{pmatrix}\pi^1 \\ \mathrm{mod}\end{pmatrix} \circ (s \times 1) \circ (1 \times \mu) \circ \begin{pmatrix}\pi^1 \\ \begin{pmatrix}\mathrm{mod}\circ(s\times 1)\circ(1\times\pi^1)\\\mathrm{mod}\circ(s\times 1)\circ(1\times\pi^2)\end{pmatrix}\end{pmatrix}$$

$$= \begin{pmatrix}\pi^1 \\ \mathrm{mod}\end{pmatrix} \circ (1 \times \mu) \circ \begin{pmatrix}\pi^1 \\ \begin{pmatrix}\mathrm{mod}\circ(1\times\pi^1)\\\mathrm{mod}\circ(1\times\pi^2)\end{pmatrix}\end{pmatrix} \circ (s \times 1)$$

と，(100.3) が使えるかたちになる．したがって

$$\begin{pmatrix}s \circ + \\ \pi^2\end{pmatrix} \circ \mu' \circ \tilde{e}_+ = \begin{pmatrix}\pi^1 \\ \mathrm{mod}\end{pmatrix} \circ (1 \times \mu) \circ (s \times 1) = \begin{pmatrix}s \circ + \\ \pi^2\end{pmatrix} \circ \begin{pmatrix}\overline{\mathrm{mod}}\\\mathrm{mod}\end{pmatrix} \circ (s \times 1) \circ (1 \times \mu)$$

で，$\begin{pmatrix}s \circ + \\ \pi^2\end{pmatrix}$ は単射だから

$$\mu' \circ \tilde{e}_+ = e_+ \circ (1 \times \mu)$$

[※2] 第 101 回（現代数学 2025 年 8 月号）の第 2 節．

と，

$$
\begin{array}{ccc}
N \times N^2 & \xrightarrow{1 \times \mu} & N^2 \\
{\scriptstyle \tilde{e}_+}\downarrow & & \downarrow{\scriptstyle e_+} \\
R_+ & \xrightarrow{\mu'} & N^2
\end{array}
$$

の可換性が確認できた．

S：最後に $\binom{+}{\pi^2}$ についてだ．これは m_+ としておこう．m_+ の余域である N^2 のモノイド叢構造がわかれば

$$
N^2 \xrightarrow{\binom{\pi^1}{\mathrm{mod}\circ(s\times 1)}} N^2 \atop {\scriptstyle e_+}\searrow \quad \nearrow{\scriptstyle m_+} \atop N^2 \tag{102.2}
$$

についてすべてわかったことになる．前々回 $\binom{\pi^1}{\mathrm{mod}}$ の返り値について少し注意したが，除数が正の場合は常に第 1 成分が第 2 成分よりも真に大きくなるのだった．m_+ についてもほぼ同じような状況だ．左上半分のモノイド叢構造の「関係のなさ」は，自然数の三分律から得られる同型 $N^2 + N^2 \xrightarrow{\left(\binom{+}{\pi^2}\binom{\pi^1}{s\circ+}\right)} N^2$ を通じて表現できる．これを θ とおき，さらに N^2 の何らかのモノイド叢構造

$$
M_1 = \langle N^2,\ N^2 \xrightarrow{\bar{p}} \bar{I},\ \bar{R} \xrightarrow{\bar{r}} N^2 \times N^2,\ \bar{\mu},\ \bar{u} \rangle
$$

を考える．$m_+ = \theta \circ \iota^1$ であることに注意してくれ．

N：待ちたまえ，何だ「何らかの」とは．

S：何でも良いんだ．たとえば N^2 の要素を成分ごとに足し合わせる演算を考えれば N^2 はモノイドとなるから，モノイド叢とみなせる．あるいは今までも e_+ の域や余域である N^2 にはそれぞれ異なったモノイド叢構造が入っていた．重要なことは，これが m_+ の余域である N^2 の左上半分のいわば穴埋めとしてしか使われないということだ．

N：合同算術に関するモノイド叢構造は N^2 の右下半分にしか影響しないから，左上半分にモノイド叢構造を何でも良いから入れて，それらの余積として N^2 全体がモノイド叢構造を持つようにしたいということか．

S：まあこの部分については話を進めていけばはっきりとしてくるだろう．e_+ の余域のモノイド叢構造とこの「何らかのモノイド叢構造」M_1 との余積を考えることで，モノイド叢

$$
M_2 = \left\langle N^2 + N^2,\ \mu_+ + \bar{p},\ \binom{\pi^1 \circ r_+ + \pi^1 \circ \bar{r}}{\pi^2 \circ r_+ + \pi^2 \circ \bar{r}},\ \mu' + \bar{\mu},\ u' + \bar{u} \right\rangle
$$

が得られる[※3]．射の余積と見分けられないから N の和を μ_+ とした．次に同型がモノイド叢構造を保存すること，

$$
\begin{array}{ccccc}
N^2 + N^2 & \xrightarrow{\mu_+ + \bar{p}} & N + \bar{I} & \xrightarrow{u' + \bar{u}} & N^2 + N^2 \\
{\scriptstyle \theta}\downarrow & & \parallel & & \downarrow{\scriptstyle \theta} \\
N^2 & \xrightarrow{(\mu_+ + \bar{p})\circ \theta^{-1}} & N + \bar{I} & \xrightarrow{\theta \circ (u' + \bar{u})} & N^2
\end{array}
$$

[※3] 第 97 回（現代数学 2025 年 4 月号）の第 1 節．

が可換であることから，モノイド叢

$$M_3 = \left\langle N^2, (\mu_+ + \overline{p}) \circ \theta^{-1}, (\theta \times \theta) \circ \begin{pmatrix} \pi^1 \circ r_+ + \pi^1 \circ \overline{r} \\ \pi^2 \circ r_+ + \pi^2 \circ \overline{r} \end{pmatrix}, \theta \circ (\mu' + \overline{\mu}), \theta \circ (u' + \overline{u}) \right\rangle$$

で，$\langle \theta, 1_{N+\overline{I}} \rangle$ が M_2 から M_3 へのモノイド叢準同型であるようなものが考えられる．

N：いやな予感はしていたが，なんともひどいかたちをしているじゃないか．e_+ の域，余域それぞれのモノイド叢構造を M, M' とすると，M_2 は M' と M_1 との余積だから，$\langle \iota^1, \iota^1 \rangle$ が M' から M_2 へのモノイド叢準同型だ．これまでに出てきたモノイド叢準同型をまとめると

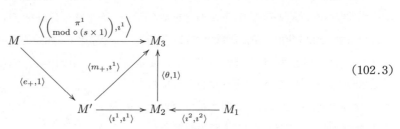
(102.3)

となる．これは (102.2) にモノイド叢構造を付け加えたものになっているが，$\langle m_+, \iota^1 \rangle$ が余積の標準的な射と同型との合成であることが新情報だな．「何らかのモノイド叢構造」とやらと合わさって M_3 が表されているわけか．

S：これとは別に，モノイド $\langle N, \mu, u \rangle$ をモノイド叢とみなして描ける可換図式

$$\langle N, !_N, 1_{N^2}, \mu, u \rangle = \langle N, !_N, 1_{N^2}, \mu, u \rangle$$
$$\langle N, !_N, 1_{N^2}, \mu, u \rangle$$

があるから，(102.3) との余積を考えた上で同型 $N + N^2 \xrightarrow{\left(\binom{0 \circ !}{1} s \times 1\right)} N^2$ を通じて，対象間の可換図式

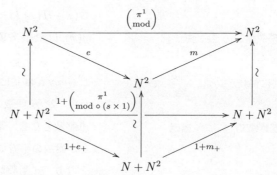

をモノイド叢間の可換図式に書き換えることができる．ただ，以前図示した要素間の対応[※4]や，同じことだが除数が 0 の場合と正の場合とを分けた方が見通しが良くなる[※5]ことを鑑みると，何でもかんでも元の N^2 間の関係式に戻すべきではないだろう．とはいえ，いくつかの構造についてはよりわかりやすく表現することができるから少し探っていこう．

[※4] 第 95 回（現代数学 2025 年 2 月号）の第 1 節．
[※5] 第 100 回（現代数学 2025 年 7 月号）の第 3 節．

（さいごう はやと／長浜バイオ大学・のうみ じゅうぞう）

院試で習う大学数理

2025年度 早稲田大学基幹理工

柳沢良則

　第 135 回の今回は，表題の研究科修士課程数学応用数理専攻の入試を題材に基本概念を学んで行きます．2026 年度の筆記試験は 2025 年 7 月 12 日 (土) 10 時 00 分–13 時 00 分に，口述試験は翌 13 日 (日) 12 時 30 分〜に行われました．2026 年度の問題はまだ公開されていません．ここで扱うものは，2025 年度の問題を参考にして作ったオリジナル問題なので，実際の出題とは異なります．原題については，大学のホームページを参照してください．

問1　整数 b は ± 1 でなく，素数の平方で割れないとする．m, n を有理数とし，$\ell + m\sqrt{b}$ が整数係数のモニックな多項式 $f(x)$ の零点になるとする．なお，モニックとは最高次の係数が 1 のことである．
(1)　$f(x)$ は整数係数の 2 次式で割り切れることを示せ．
(2)　ℓ, m は共に整数か，共に $\dfrac{奇数}{2}$ であることを示せ．

2025 年度 早大基幹理工 $\boxed{4}$ (3) 改題

解答
(1)　$\ell + m\sqrt{b}$ の最小多項式は
$$g(x) = x^2 - 2\ell x + (\ell^2 - m^2 b)$$
であるから，$f(x) = g(x)h(x)$ を満たす有理数係数のモニックな多項式 $h(x)$ が存在する．
整数係数の多項式において，係数全部の最大公約数が 1 のとき，原始的であるという．
$g(x)$ の係数を通分したときの分母を $D_1 > 0$, 分子の最大公約数を N_1, $h(x)$ の係数を通分したときの分母を $D_2 > 0$, 分子の最大公約数を N_2 とし，原始的多項式 $G(x), H(x)$ を用いて
$$g(x) = \frac{D_1}{N_1} G(x),\ h(x) = \frac{D_2}{N_2} H(x)$$
と表わし，$\dfrac{D_1 D_2}{N_1 N_2}$ を既約分数で表したものを $\dfrac{D_3}{N_3}$ とおくと，
$$f(x) = \frac{D_3}{N_3} G(x) H(x).$$
分母を払うと，$G(X)H(X)$ の係数の最大公約数は N_3 であることがわかる

> **ガウスの補題**
> 　原始的な 2 つの多項式の積は原始的

より，$N_3 = 1$. $f(x)$ はモニック より $D_3 = 1$.
(2)　$f(x) = G(x)H(x)$ の最高次の係数は 1 であるから，必要なら -1 倍することにより，$G(x), H(x)$ はモニックであるとしてよい．
$g(x)$ は最小多項式であるから $G(x)$ を割り切る．よって，$g(x) = G(x)$ となり，2ℓ と $\ell^2 - m^2 b$ は共に整数となる．
(i)　2ℓ が偶数のとき，ℓ は整数であり，$m^2 b$ も整数となる．既約分数で $m = \dfrac{N_4}{D_4}$ とおくと，b が素数の平方で割れないことから，$D_4 = \pm 1$ となり，m も整数．
(ii)　2ℓ が奇数のとき，ℓ は $\dfrac{奇数}{2}$ であるから，$m^2 b$ は整数でない．$4m^2 b$ は整数なので，(i) と同様にして，$D_4 = \pm 2$ となり，m も $\dfrac{奇数}{2}$ となる．

補足　$\dfrac{(奇数)^2 - (奇数)^2 b}{4}$ が整数になるのは b を 4 で割った余りが 1 のときのみである．(ii) が起こるのはこのときに限る．

問2 素体 $\mathbb{F}_p$ の m 次拡大体 $\mathbb{F}_q$ $(q = p^m)$ の乗法群 $(\mathbb{F}_q)^\times = \mathbb{F}_q - \{0\}$ を考える.

(1) $(\mathbb{F}_{q^n})^\times$ は巡回群であることを示せ.

(2) $\mathbb{F}_q$ の元を成分にもつ正則な n 次正方行列全体の成す群を G とおく. G の位数 $|G|$ と, G の元の位数の最大値を求めよ.

2025 年度 早大基幹理工 5 改題

解答

(1) $r = q^n$ とおく. $(\mathbb{F}_r)^\times$ の元の位数は $|(\mathbb{F}_r)^\times| = r - 1$ の約数である. その1つを d とおく. $\mathbb{F}_r$ は体であるから $x^d = 1$ の解は d 個以下である. よって, 次の補題で示される.

> **補題** 群 G の位数 s の任意の正の約数 d に対して,
> $$x^d = e \quad \text{(単位元)}$$
> の解が d 個以下なら G は巡回群である.

補題の証明 ラグランジュの定理より G の元の位数は s の正の約数である.
G に位数 d の元 a が存在すると, $e, a, a^2, \cdots, a^{d-1}$ の d 個は $x^d = e$ の解であり, 仮定から, d 乗して e になるものはこれらのみ. よって, 位数 d の元は d と互いに素な i $(0 \leq i \leq d-1)$ を用いて a^i で表される $\varphi(d)$ 個のみ. ここで φ はオイラーのトーシェント関数である.
$$\sum_{d \text{ は } s \text{ の正の約数}} \varphi(d) = s \quad \cdots\cdots ①$$
であるから, s の正の約数すべてに対して, それを位数にする元がないと, 元の総数が s 未満になって矛盾する. よって, 特に位数 s の元 g が存在し, g が G を生成する. (証明終わり)

補足 0 から $s-1$ までの s 個の整数を s との最大公約数で分類する. s の正の約数を d とおくとき, 最大公約数が $\dfrac{n}{d}$ となるものは $i\dfrac{n}{d}$ $(i = 0, 1, 2, \cdots, d-1)$ のうち i が d と互いに素なものである. よって, $\varphi(d)$ 個ある. d が全ての正の約数を動くと, s 個の整数全部を尽くすので, ① が成り立つ.

別解 $r = q^n$ とおく. $(\mathbb{F}_r)^\times$ の最大位数の元の一つを g, その位数を t とおく. ラグランジュの定理より t は $|(\mathbb{F}_r)^\times|$ の約数であるから,
$$t \leq |(\mathbb{F}_r)^\times|. \quad \cdots\cdots ②$$
他の元 g' の位数が t' のとき, gg' の位数は t と t' の最小公倍数なので, t' が t の約数でなければ t の位数が最大であることに矛盾する. よって, t' は t の約数であり, $(\mathbb{F}_r)^\times$ の全ての元は $x^t = 1$ を満たす. $\mathbb{F}_r$ は体なので, この方程式の解は t 個以下であるから,
$$t \geq |(\mathbb{F}_r)^\times|. \quad \cdots\cdots ③$$
②, ③ より $t = |(\mathbb{F}_r)^\times|$. よって, g によって, $(\mathbb{F}_r)^\times$ が生成される.

(2) 第1列は $\mathbf{0}$ を除いた $q^n - 1$ 通り, 第2列は第1列の定数倍を除いた $q^n - q$ 通り, 第3列は第1列と第2列で張られる平面を除いた倍を除いた $q^n - q^2$ 通り, … なので,
$$|G| = \prod_{k=1}^{n}(q^n - q^{k-1}).$$

行列 $A \in G$ の固有多項式は n 次なので, A の固有値は $\mathbb{F}_{q^n}$ の元となる. よって, 固有値の位数は $|(\mathbb{F}_{q^n})^\times| = q^n - 1$ の約数である. $\mathbb{F}_{q^n}$ 係数で対角化すると, A の位数も $q^n - 1$ の約数であることがわかる. よって, A の位数は $q^n - 1$ 以下.

(1) の巡回群の生成元を α とすると, α の位数は $q^n - 1$ である. $\mathbb{F}_{q^n}$ は $\mathbb{F}_q$ 上の n 次元ベクトル空間とみなせ, α をかける作用は $\mathbb{F}_q$-線形であるから, $B \in G$ で表せる. この表現は忠実

である. なぜなら, $B^k = E$ は, α^k をかけても $\mathbb{F}_{q^n}$ の全ての元が変化しないことを意味するので, $\alpha^k = 1$ となるから. よって, B の位数は $q^n - 1$ である. この B が位数最大の元である.

問3 s を正の定数, a, b, c, p, q, r を x, y, z の関数とし, 球面 $S^2 : x^2 + y^2 + z^2 = t^2$ と $\mathbb{R}^3$ 上のベクトル場,
$$X = a\frac{\partial}{\partial x} + b\frac{\partial}{\partial y} + c\frac{\partial}{\partial z},$$
$$Y = p\frac{\partial}{\partial x} + q\frac{\partial}{\partial y} + r\frac{\partial}{\partial z}$$
を考える.
(1) 括弧積 $[X, Y]$ を計算せよ.
(2) X, Y を S^2 上に制限すると S^2 の接ベクトル場になるとき $[X, Y]$ も S^2 の接ベクトル場になることを示せ.

2025 年度 早大基幹理工 8 改題

解答
(1) 単純計算で, $[X, Y]$ は
$$\{(ap_x + bp_y + cp_z) - (pa_x + qa_y + ra_z)\}\frac{\partial}{\partial x}$$
$$+ \{(aq_x + bq_y + cq_z) - (pb_x + qb_y + rb_z)\}\frac{\partial}{\partial y}$$
$$+ \{(ar_x + br_y + cr_z) - (pc_x + qc_y + rc_z)\}\frac{\partial}{\partial z}.$$

(2) $x^2 + y^2 + z^2$ が定数より, 外微分
$$d(x^2 + y^2 + z^2) = 2xdx + 2ydy + 2zdz = 0$$
この一次微分形式を ω とおく. $\omega(X)$ と $\omega(Y)$ を計算して,
$$xa + yb + zc = 0, \quad xp + yq + zr = 0.$$
x, y, z で偏微分して,
$$\begin{cases} xa_x + yb_x + zc_x = -a \\ xa_y + yb_y + zc_y = -b \\ xa_z + yb_z + zc_z = -c \end{cases}$$
$$\begin{cases} xp_x + yq_x + zr_x = -p \\ xp_y + yq_y + zr_y = -q \\ xp_z + yq_z + zr_z = -r \end{cases}.$$

$$\omega([X, Y]) = \{a(-p) + b(-q) + c(-r)\} - \{p(-a) + q(-b) + r(-c)\} = 0.$$
よって, $[X, Y]$ は S^2 に接する.

問4 E を n 次の単位行列とし, 冪零行列 N を
$$N = \begin{pmatrix} 0 & 1 & 0 & \cdots & 0 \\ 0 & 0 & 1 & \ddots & \vdots \\ \vdots & \ddots & \ddots & \ddots & 0 \\ 0 & \cdots & 0 & 0 & 1 \\ 0 & \cdots & 0 & 0 & 0 \end{pmatrix}$$
で定める. $C = 4 + N + {}^t N$ とおく.
(1) $N + {}^t N$ の固有値を求めよ.
(2) 通常の距離 (2 ノルム) に関する C^{-1} の作用素ノルム $\|C^{-1}\|_2$ が $\frac{1}{2}$ 未満であることを示せ.

2025 年度 早大基幹理工 11 (3) 改題

解答
(1) 固有多項式
$$f_n(\lambda) = \det(\lambda E - (N + {}^t N))$$
を第 1 列で展開すると, 次の漸化式を得る.
$$f_n(\lambda) = \lambda f_{n-1}(\lambda) - f_{n-2}(\lambda).$$
また, $f_1(\lambda) = \lambda$, $f_2(\lambda) = \lambda^2 - 1$ である.
$$U_n(\cos\theta) = \frac{\sin(n+1)\theta}{\sin\theta}$$
で定まる第二種チェビシェフ多項式 $U_n(x)$ において $U_n\left(\frac{\lambda}{2}\right)$ とした場合の漸化式と初期値に一致し, $f_n(\lambda) = U_n\left(\frac{\lambda}{2}\right)$ がわかる. これが 0 になるのは,
$$\theta = \frac{k\pi}{n+1} \quad (k = 1, 2, 3, \cdots, n)$$
のときなので, 固有値は
$$\lambda = 2\cos\theta = 2\cos\frac{k\pi}{n+1} \quad (k = 1, 2, 3, \cdots, n).$$

(2) C^{-1} も実対称行列なので, 固有ベクトルで正規直交基底を作ることができる. よって $\|C^{-1}\|_2$ は, 固有値の最大値となる. C^{-1} の

固有値は C の固有値の逆数になるので,
$$||C^{-1}||_2 = \frac{1}{4 + 2\cos\frac{n\pi}{n+1}}$$
$$= \frac{1}{4 - 2\cos\frac{\pi}{n+1}} < \frac{1}{2}.$$

補足 1 n 次実行列 A が対称でない場合は ${}^tAA$ の最大固有値の平方根が $||A||_2$ となる.

別解 $||A||_2$ の定義は $\sup_{\boldsymbol{x}\neq\boldsymbol{0}}\frac{||A\boldsymbol{x}||_2}{||\boldsymbol{x}||_2}$ である. よって, $||A\boldsymbol{x}||_2 \leqq ||A||_2||\boldsymbol{x}||_2$. これと三角不等式より
$$(1 - ||A||_2)||\boldsymbol{x}||_2 = ||\boldsymbol{x}||_2 - ||A||_2||\boldsymbol{x}||_2$$
$$\leqq ||\boldsymbol{x}||_2 - ||A\boldsymbol{x}||_2 \leqq ||\boldsymbol{x} - A\boldsymbol{x}||_2$$
$$= ||(E-A)\boldsymbol{x}||_2.$$

$||A||_2 < 1$ のとき, $(E - A)^{-1}$ が存在するので, $\boldsymbol{x}$ を $(E-A)^{-1}\boldsymbol{x}$ に置き換えて,
$$(1 - ||A||_2)||(E-A)^{-1}\boldsymbol{x}||_2 \leqq ||\boldsymbol{x}||_2.$$
$$\frac{||(E-A)^{-1}\boldsymbol{x}||_2}{||\boldsymbol{x}||_2} \leqq \frac{1}{1 - ||A||_2}.$$
$$\therefore\ ||(E-A)^{-1}||_2 \leqq \frac{1}{1 - ||A||_2}. \quad \cdots\cdots ①$$

$A = E - aC \ \left(0 < a \leqq \frac{1}{4}\right)$ とすると,
$$||A||_2 = ||E - aC||_2$$
$$= 1 - 2a\left(2 - \cos\frac{\pi}{n+1}\right)$$
$$< 1 - 2a < 1$$

であるから, ① が成立し,
$$||(aC)^{-1}||_2 \leqq \frac{1}{1 - ||E - aC||_2}.$$
左辺は $||a^{-1}C^{-1}||_2 = a^{-1}||C^{-1}||_2$ なので,
$$||C^{-1}||_2 \leqq \frac{a}{1 - ||E - aC||_2}$$
$$< \frac{a}{1 - (1 - 2a)} = \frac{1}{2}.$$

補足 2 原題は ∞ ノルムに関する作用素ノルム $||C^{-1}||_\infty$ の評価であった.
$0 < a \leqq \frac{1}{4}$ のとき
$$||E - aC||_\infty = |-a| + |1 - 4a| + |-a| = 1 - 2a$$
であり, ② は ∞ ノルムでも成立するので,
$$||C^{-1}||_\infty \leqq \frac{1}{2}.$$

問 5 n 人のトーナメント戦を行い優勝者を決める.

(1) 試合総数を求めよ.

(2) 人名を入れる前のトーナメント表の総数を求めよ. なお, 各ノード毎に左右を入れ替えたものは異なるものとみなす (下図左).

(3) 人名を入れた後のトーナメント表の総数を求めよ. なお, 各ノード毎に左右を入れ替えたものは同じとみなす (上図右).

2025 年度 早大基幹理工 [12] (3) 改題

解答

(1) $n - 1$ 人が負けるので, $n - 1$ 試合.

(2) n 文字の積にかっこをつける方法と 1 対 1 に対応するので, $n - 1$ 番目のカタラン数
$$\frac{{}_{2n-2}\mathrm{C}_{n-1}}{n}$$
に等しい.

(3) 根の部分にも縦に 1 本線分をつける. 1 人増える毎に線分が 2 本増えるので, n 人のトーナメント表には線分が $2n - 1$ 本ある. この線分のどれかに $n + 1$ 人目の線分をつければ $n + 1$ 人のトーナメント表ができる (下図). よって, $1 \cdot 3 \cdot 5 \times \cdots \times (2n - 3) = (2n - 3)!!$.

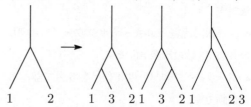

補足 原題は, 根付き全 2 分木を, グラフ理論における木で頂点の次数が 1 か 3 のものから作る設定であった.

(やなぎさわ よしのり)

現代数学 SELECT

4次元から見た現代数学 第134回
極線と調和点列
池田和正

§0 2025年夏アニメ

「世界は数字に満ちている」

これは,「サイレント・ウィッチ 沈黙の魔女の隠しごと」の第2話の最初に主人公のモニカ・エヴァレットの回想シーンに出てくる父親の言葉です. 第2話の終わりの方には, 夜に寮を抜け出したのが第二王子フェリクスだと証明する際に黄金比 $\dfrac{1+\sqrt{5}}{2}=1.618\cdots$ も出てきます.

対人恐怖の性格に親近感が湧きます.

- 「瑠璃の宝石」の第3話の廃坑の蛍石は, 映画「天空の城ラピュタ」の飛行石を思い出します.「Vivy -Fluorite Eye's Song-」も連想します.
- 「その着せ替え人形は恋をする Season 2」のコスプレは,「2.5次元の誘惑」と同様, 自分の核となるものを象徴しています.「瑠璃の宝石」の宝石も同じで, 数学者にとっての数学です.
- 「タコピーの原罪」は動画配信のみです. しずかちゃんが小学校で, まりなには何も言えないのに, 東くんには頼み事ができるのが不思議です.
- 「銀河特急 ミルキー☆サブウェイ」は3Dの3分30秒の短編SFです.
- 「ラノベアニメ」は4作品を5分で並べる新企画です.
- 「薫る花は凛と咲く」,「カッコウの許嫁 Season2」,「彼女, お借りします 第4期」,「帝乃三姉妹は案外, チョロい。」,「ふたりソロキャンプ」,「渡くんの××が崩壊寸前」は恋愛もの, ラブコメですが個性があります.
- 「追放者食堂へようこそ！」や「ホテル・インヒューマンズ」は活劇系です.
- 「光が死んだ夏」はホラー系です.
- 「怪獣8号 第2期」,「SAKAMOTO DAYS 第2クール」,「青春ブタ野郎はサンタクロースの夢を見ない」,「ダンダダン 第2期」,「Dr.STONE SCIENCE FUTURE 第2クール」「よふかしのうた Season2」は, 固定視聴者を獲得できているようです.
- 月餅は中村屋の「種」が好きなのですが, 笹塚駅の工場は無くなり, アトレ亀戸店は改築と共に消え, 飯田橋店も今年消え, 新宿本店へ買いに行くことになりました. 春華堂のうなぎパイと同様に会社の看板になる潜在力を感じるのに, 残念です.
- 参院選が7月20日にありました. 教え子やその子孫に国の借金は残したくないです.

§1 漸化式

漸化式を解くには, 等比型か階差型に変形するのが基本である. 6月頃に次の質問を受けた.

質問 $a_0 = 0, a_1 = 1,$
$a_{n+2} = 2a_{n+1} + a_n \quad (n = 1, 2, 3, \cdots)$
を解くのに, 漸化式を
$$a_{n+2} - \alpha a_{n+1} = \beta(a_{n+1} - \alpha a_n) \cdots ①$$
と変形して
$$a_{n+1} - \alpha a_n = \beta^n(a_1 - \alpha a_0)$$
$$= \beta^n. \quad \cdots\cdots ②$$
先にこれを作ってはいけないのか？

「α, β が文字のままでは解けないので，α, β を解に持つ特性方程式
$$\lambda^2 = 2\lambda + 1 \quad \cdots\cdots ③$$
を解いて $\lambda = 1 \pm \sqrt{2}$ を代入すればよい.」
と言ったら,
「☆はなぜ使えないのか.」
「α, β を特定する必要がある.」
といった押し問答がしばらく続いた後に，質問の意図が徐々に分かってきた. ② を使って α, β を決めたいようだ.
「②の n を $n+1$ に置き換えた
$$a_{n+2} - \alpha a_{n+1} = \beta^{n+1}$$
と ② を ① に代入して整理すると,
$$\alpha^2 a_n + (\alpha + \beta)\beta^n = (2\alpha + 1)a_n + 2\beta^n.$$
よって, $\begin{cases} \alpha^2 = 2\alpha + 1 \\ \alpha + \beta = 2 \end{cases}$ なら十分である.
$\therefore (\alpha, \beta) = (1+\sqrt{2}, 1-\sqrt{2}), (1-\sqrt{2}, 1+\sqrt{2})$.
それぞれ ② に代入して,
$a_{n+1} - \left(1+\sqrt{2}\right)a_n = \left(1-\sqrt{2}\right)^n \cdots\cdots ④$
$a_{n+1} - \left(1-\sqrt{2}\right)a_n = \left(1+\sqrt{2}\right)^n \cdots\cdots ⑤$
⑤ − ④ を $2\sqrt{2}$ で割って,
$a_n = \dfrac{1}{2\sqrt{2}}\left\{\left(1+\sqrt{2}\right)^n - \left(1-\sqrt{2}\right)^n\right\}$.」
時間が無かったので，このような説明を端折って喋った. そもそも ① への変形が可能な保証も必要で，その説明に ③ が登場してしまう.
　次のやり方が一番速い.

別解　① の解より
$$a_n = C_1\left(1+\sqrt{2}\right)^n + C_2\left(1-\sqrt{2}\right)^n$$
とおいて代入すると，与えられた漸化式を満たすことがわかる. 初期値より
$$\begin{cases} 0 = a_0 = C_1 + C_2 \\ 1 = a_1 = C_1\left(1+\sqrt{2}\right) + C_2\left(1-\sqrt{2}\right) \end{cases}$$
$\iff C_1 = \dfrac{1}{2\sqrt{2}}, \ C_2 = -\dfrac{1}{2\sqrt{2}}$.
問題の漸化式を満たす数列は，a_0 と a_1 の値で一通りに定まるので，答は次の数列のみである.
$$a_n = \frac{1}{2\sqrt{2}}\left\{\left(1+\sqrt{2}\right)^n - \left(1-\sqrt{2}\right)^n\right\}.$$

§2 一次変換

新書判の高校の参考書を読んでいて，懐かしい問題を見つけた. 出たばかりの本だが，1977〜96 年大学入試世代には高 2 で習った線形代数の問題が載っている.

> **問**　行列 $A = \begin{pmatrix} a & b \\ c & d \end{pmatrix}$ で表される一次変換で,
> 直線 $\ x + 3y - 5 = 0\ \cdots\cdots ①$ が
> 直線 $\ x - 2y + 5 = 0\ \cdots\cdots ②$ に,
> 直線 $\ 2x + y - 5 = 0\ \cdots\cdots ③$ が
> 直線 $\ 3x - y - 5 = 0\ \cdots\cdots ④$ に
> 写るとき，A を求めよ.

解答　原点は原点に，平行な直線は平行な直線に写るので,
直線 $\ x + 3y = 0\quad \cdots\cdots ⑤\ $ は
直線 $\ x - 2y = 0\quad \cdots\cdots ⑥\ $ に,
直線 $\ 2x + y = 0\quad \cdots\cdots ⑦\ $ は
直線 $\ 3x - y = 0\quad \cdots\cdots ⑧\ $ に
写る. 図示すると,

$③ \cap ⑤ = \{P\}$ は $④ \cap ⑥ = \{P'\}$ に,
$① \cap ⑦ = \{Q\}$ は $② \cap ⑧ = \{Q'\}$ に写る.
$\therefore A\begin{pmatrix} 3 \\ -1 \end{pmatrix} = \begin{pmatrix} 2 \\ 1 \end{pmatrix}$ かつ $A\begin{pmatrix} -1 \\ 2 \end{pmatrix} = \begin{pmatrix} 1 \\ 3 \end{pmatrix}$.
一つにまとめて
$$A\begin{pmatrix} 3 & -1 \\ -1 & 2 \end{pmatrix} = \begin{pmatrix} 2 & 1 \\ 1 & 3 \end{pmatrix}$$
$$A = \begin{pmatrix} 2 & 1 \\ 1 & 3 \end{pmatrix}\begin{pmatrix} 3 & -1 \\ -1 & 2 \end{pmatrix}^{-1}.$$

よって,
$$A = \begin{pmatrix} 2 & 1 \\ 1 & 3 \end{pmatrix} \frac{1}{5} \begin{pmatrix} 2 & 1 \\ 1 & 3 \end{pmatrix} = \begin{pmatrix} 1 & 1 \\ 1 & 2 \end{pmatrix}.$$

別解 $\begin{pmatrix} 0 & 0 \\ 0 & 0 \end{pmatrix}$ を O, $ad - bc$ を $\det A$ と書く.

$A = O$ なら, 平面全体の像が原点になる.
$A \neq O$ かつ $\det A = 0$ なら, 平面全体の像が原点を通る直線になる.
問題の条件から, このどれでもないので, $\det A \neq 0$ である. よって, A^{-1} があり, 一次変換
$$\begin{pmatrix} X \\ Y \end{pmatrix} = A \begin{pmatrix} x \\ y \end{pmatrix}$$
による
$$② : (-1, 2) \begin{pmatrix} X \\ Y \end{pmatrix} = 5$$
の原像
$(-1, 2) A \begin{pmatrix} x \\ y \end{pmatrix} = 5$ は ① : $(1, 3) \begin{pmatrix} x \\ y \end{pmatrix} = 5$
に等しい. また
$$④ : (3, -1) \begin{pmatrix} X \\ Y \end{pmatrix} = 5$$
の原像
$(3, -1) A \begin{pmatrix} x \\ y \end{pmatrix} = 5$ は ③ : $(2, 1) \begin{pmatrix} x \\ y \end{pmatrix} = 5$
に等しい. よって,
$$\begin{cases} (-1, 2) A = (1, 3) \\ (3, -1) A = (2, 1) \end{cases}.$$
一つにまとめて,
$$\begin{pmatrix} -1 & 2 \\ 3 & -1 \end{pmatrix} A = \begin{pmatrix} 1 & 3 \\ 2 & 1 \end{pmatrix}$$
$$A = \begin{pmatrix} -1 & 2 \\ 3 & -1 \end{pmatrix}^{-1} \begin{pmatrix} 1 & 3 \\ 2 & 1 \end{pmatrix}.$$
よって,
$$A = \frac{1}{-5} \begin{pmatrix} -1 & -2 \\ -3 & -1 \end{pmatrix} \begin{pmatrix} 1 & 3 \\ 2 & 1 \end{pmatrix} = \begin{pmatrix} 1 & 1 \\ 1 & 2 \end{pmatrix}.$$

§3 ブローカルの定理

アニメ「フェルマーの料理」の第2話の中盤で主人公の北田岳の回想シーンの武蔵神楽(18)の台詞に次が出て来る. ドラマ版では, 第3話の始めに応用問題を解く過程で出て来る.

これを証明する.

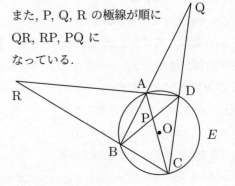

ブローカルの定理
下図において, 4点 A, B, C, D は O を中心とする円周 E 上にある. △PQR の垂心は O である. また, P, Q, R の極線が順に QR, RP, PQ になっている.

まず, 補題を4つ準備する.
下図において, 線分 AB の点 X による内分比 $\dfrac{\text{BX}}{\text{XA}}$ と点 Q による外分比 $\dfrac{\text{BQ}}{\text{QA}}$ の比
$$\frac{\text{BX}}{\text{XA}} \div \frac{\text{BQ}}{\text{QA}} = \frac{\text{BX} \cdot \text{QA}}{\text{XA} \cdot \text{BQ}}$$
を点列 B, X, A, Q の**複比**という.

補題1 複比は下図の角の大きさ, α, β, γ のみに依る (直線 QB を動かしても変わらない).

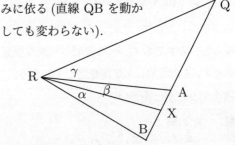

証明 線分 BQ から見たときの R の高さを h とおく.
$$\triangle \text{RBX} = \frac{\text{BX} \cdot h}{2} = \frac{\text{RB} \cdot \text{RX} \sin \alpha}{2}. \quad \cdots ①$$
$$\triangle \text{RAX} = \frac{\text{AX} \cdot h}{2} = \frac{\text{RA} \cdot \text{RX} \sin \beta}{2}. \quad \cdots ②$$
① ÷ ② より
$$\frac{\text{BX}}{\text{AX}} = \frac{\text{RA} \sin \alpha}{\text{RB} \sin \beta}. \quad \cdots\cdots ③$$
同様にして, △RBQ と △RAQ の面積比より
$$\frac{\text{BQ}}{\text{AQ}} = \frac{\text{RA} \sin(\alpha + \beta + \gamma)}{\text{RB} \sin \gamma}. \quad \cdots\cdots ④$$

③÷④ より
$$\frac{BX \cdot QA}{XA \cdot BQ} = \frac{\sin\alpha\sin\gamma}{\sin\beta\sin(\alpha+\beta+\gamma)}.$$ （証終）

補題2 下図の点列 C, Y, D, Q の複比は 1 となる．式で表すと，
$$\frac{CY \cdot QD}{YD \cdot CQ} = 1$$
つまり $\frac{CY}{YD} = \frac{CQ}{QD}$．

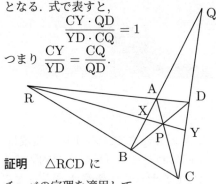

証明 △RCD にチェバの定理を適用して，
$$\frac{RB}{BC} \cdot \frac{CY}{YD} \cdot \frac{DA}{AR} = 1$$
△RCD にメネラウスの定理を適用して，
$$\frac{RB}{BC} \cdot \frac{CQ}{QD} \cdot \frac{DA}{AR} = 1$$
2式を辺々割って，
$$\frac{CY \cdot QD}{YD \cdot CQ} = 1 \quad \text{（補題2の証明終わり）}$$

CD での複比が1ということは，Y による内分比と Q による外分比が等しいということである．この条件を満たす点列 C, Y, D, Q を<u>調和点列</u>という．

補題3 上図において，B, X, A, Q は調和点列である．

証明 補題1より点列 B, X, A, Q の複比は C, Y, D, Q の複比に等しい．よって，複比1となり，B, X, A, Q は調和点列である．(証終)

点 Q から円周 E に引いた2接線の接点を結ぶ直線 ℓ を E に関する Q の<u>極線</u>と呼ぶ，ℓ に対して Q を E に関する ℓ の<u>極点</u>と呼ぶ．

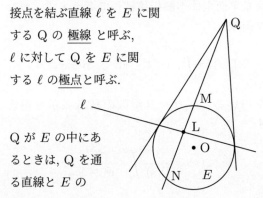

Q が E の中にあるときは，Q を通る直線と E の2交点における2接線の交点の軌跡を Q の極線と呼ぶ．

補題4 E に関する Q の極線 ℓ 上の任意の点 L において，QL と E の交点 M, N を先ほどの図のように定める．Q, M, L, N は調和点列となる．

証明 相似変換しても比は不変なので，E の半径は1としてよい．O を原点，$\overrightarrow{OQ}$ が x 軸の正方向となる座標を入れる．
Q$(a, 0)$ とおくと，極線の公式より $\ell : x = \frac{1}{a}$ となる．QL : $y = m(x-a)$ とおき，M, N の x 座標を出すと $x = \frac{m^2 a \pm \sqrt{1+m^2-m^2a^2}}{1+m^2}$．
（以下略）．

注意1 $\frac{QM}{ML} \cdot \frac{NL}{QN} = 1$ と $\frac{NL}{LM} \cdot \frac{QM}{NQ} = 1$ は同値なので Q, M, L, N が調和点列であることと N, L, M, Q が調和点列であることは同値．

注意2 補題4の逆も成立する．つまり，Q, M, L, N が調和点列ならば，L は Q の E に関する極線上にある．

ブロカールの定理の証明 補題2の図において，補題2より C, Y, D, Q は調和点列である．また，補題3より B, X, A, Q も調和点列となる．

注意1より Q, D, Y, C と，Q, A, X, B は調和点列なので，補題4の逆より2点 X, Y は，Q の E に関する極線上にある．よって，直線 XY が Q の極線である．直線 XY は直線 RP と同じなので，Q の極線は RP である．

同様にして，P の極線は QR であり，R の極線は PQ である．

極線の定義より OQ は極線 RP と直交する．つまり，OQ ⊥ RP. 同様にして，
$$OP \perp QR \quad \text{かつ} \quad OR \perp PQ.$$
よって，O は △PQR の垂心である．

（いけだ かずまさ）

BSD予想から深リーマン予想への眺望

第6回

統計力学的数論のすすめ ～リーマン予想と佐藤–テイト予想を超えて❶

零点統計

木村 太郎

今みなさんが手にしているものは何からできているでしょうか．紙面でご覧になっている方もいれば，電子媒体の方もいると思いますが，いずれの場合も我々のまわりにあるものはいずれも分子，そして原子へと分解され，100種類程度の元素から成り立っています．もっとさかのぼって電子やクォークといったさらに少数種の素粒子まで還元することもできます．しかし日常生活において身の回りのものを認識する際には通常，こうしたミクロな構成要素を直接感じることはありません．真空中に単独で存在している素粒子と，やわらかな質感の紙，あるいは軽快に動作する電子機器とではあまりにもスケールがかけ離れています．統計力学とは，こうしたミクロな物理法則から確率・統計論的な手法を駆使して我々の身近なものの性質を導くことを目指す方法論で，物理学における一分野です．

さて，では類似の構造が数学にもあるでしょうか．整数，実数，複素数など，数の世界にも色々とありますが，その中でも素数がこれらの世界における基本構成要素であることはみなさんにも納得していただけるでしょう．素数は無数にありますが，いずれにしても数の構成要素であることには違いありません．例えば2025年8月は $202508 = 2^2 \times 50627$ と素因数分解されますが，大きな数字を見てそれがどのように分解されるかが見える人は稀有な才能の持ち主でしょう．

こうした視点から眺めてみると，数の世界を調べるのにも統計学のような手法が役に立ちそうに思えてきます．本リレー連載は，今回から4回にわたって「統計力学的数論のすすめ」と題し，ゼータ函数や L 函数などの数論的対象に対する統計力学的なアプローチを紹介します．これまでも数学と物理学の相互作用により様々な進展がなされてきましたが，本稿ではリーマン (Riemann) 予想とランダム行列理論の関わりを説明するとともに，深リーマン予想・佐藤–テイト (Tate) 予想といった話題について紹介します．

1.1 リーマン予想とゼータ函数零点

リーマン予想の主役はゼータ函数と呼ばれる函数で，様々な表示を持ちます．一番典型的な表示はディリクレ (Dirichlet) 級数表示でしょう．

$$\zeta(s) = \sum_{n=1}^{\infty} \frac{1}{n^s}$$

この級数は $\mathrm{Re}(s) > 1$ で絶対収束しますが，以下に述べるリーマン予想を議論する上では複素平面全体へ解析接続して考えます．ガンマ函数

$$\Gamma(s) = \int_0^\infty \mathrm{e}^{-t} t^{s-1} \, \mathrm{d}t, \quad \mathrm{Re}(s) > 0$$

を用いると，ゼータ函数の積分表示を得ます．

$$\zeta(s) = \frac{1}{\Gamma(s)} \int_0^\infty \frac{x^{s-1}}{\mathrm{e}^x - 1} \, \mathrm{d}x$$

ガンマ函数には相反公式

$$\Gamma(s)\Gamma(1-s) = \frac{\pi}{\sin \pi s}$$

が知られており，それに応じてゼータ函数も $s \leftrightarrow 1-s$ 間の函数等式が成り立ちます．

$$\zeta(s) = 2^s \pi^{s-1} \sin\left(\frac{\pi s}{2}\right) \Gamma(1-s)\zeta(1-s)$$

これによりゼータ函数が負の偶数において零点を持つ，すなわち $\zeta(-2n) = 0$ ($n \in \mathbb{N}$) となることが分かります．これをゼータ函数の自明な零点と呼び，一方で自明な零点以外の零点を非自明零点と呼びます．

リーマン予想. 全ての非自明零点の実部は $\frac{1}{2}$ である．

ここで実部 $0 \leq \mathrm{Re}(s) \leq 1$ の領域を臨界領域，特に実部 $\frac{1}{2}$ の線を臨界線と呼びます．臨界線は函数等式 $s \leftrightarrow 1-s$ の折り返し線になっていることに注意します．

自明な零点の寄与を省くために，完備ゼータ函数と呼ばれる函数を導入しましょう．

$$\xi(s) = \frac{1}{2}s(s-1)\pi^{-s/2}\Gamma\left(\frac{s}{2}\right)\zeta(s)$$

完備ゼータ函数に対する函数等式は

$$\xi(s) = \xi(1-s)$$

と簡潔に書くことができます．[1] 完備ゼータ函数は非自明零点のみを持ち，次のように表すことができます（アダマール (Hadamard) 積）．

$$\xi(s) = \frac{1}{2}\prod_\varrho \left(1 - \frac{s}{\varrho}\right)$$

ここで ϱ は (完備) ゼータ函数の零点で，リーマン予想は無数にある全ての ϱ に対して

---

[1] 特に臨界線上に注目する際には $\Xi(x) = \xi(\frac{1}{2} + \mathrm{i}x)$，あるいは $Z(x) = \mathrm{e}^{\mathrm{i}\theta(x)}\zeta(\frac{1}{2} + \mathrm{i}x)$ という函数もよく用いられます．ここで θ はリーマン–ジーゲル (Riemann–Siegel) テータ函数 (1.3) です．

$\mathrm{Re}(\varrho) = \frac{1}{2}$ であることを主張します．具体的に虚部の小さい方から計算すると零点は

$$\frac{1}{2} \pm 14.134725...\mathrm{i},$$
$$\frac{1}{2} \pm 21.022040...\mathrm{i},$$
$$\frac{1}{2} \pm 25.010858...\mathrm{i},$$

と続き，現在では数兆個を超える零点の全てが臨界線上にあることが数値計算により確かめられています．

上述のように延々と続く零点にはどのような意味があるのでしょうか．何か規則性はあるのでしょうか．果たして疑問が尽きませんが，これらの個々の数値を眺めるのではなく，全体の傾向・性質を探ろうというのが本稿の主旨です．

1.2 零点統計

ゼータ函数零点の統計的性質についての重要な結果の一つが，モンゴメリ (Montgomery) による対相関函数と呼ばれるものです [Mon73]．

$$W_2(x,y) = 1 - \left(\frac{\sin \pi(x-y)}{\pi(x-y)}\right)^2 \quad (1.1)$$

ここで x, y は臨界線上 2 点の虚部で，$\frac{1}{2} + \mathrm{i}x$ と $\frac{1}{2} + \mathrm{i}y$ に零点が同時に見つかる確率密度を表しています．対相関函数は 2 点間距離 $s := x - y$ のみに依存しますので $(x,y) = (s,0)$ と置くことにします．これは平均間隔が 1，つまり場所によらない定数になるように規格化されていることに起因します．すると

$$W_2(s) = W_2(s,0) = \frac{\pi^2}{3}s^2 - \frac{2\pi^4}{45}s^4 + O(s^6)$$

と $s = 0$ まわりで展開され，[2] また $W_2 \xrightarrow{s \to \infty} 1$

---

[2] この展開係数ですが，これは正弦函数の無限積表示 $\frac{\sin \pi x}{\pi x} = \prod_{n=1}^\infty \left(1 - \frac{x^2}{n^2}\right) = 1 - \zeta(2)x^2 + \cdots$ を用いるとゼータ函数の特殊値 $\zeta(2) = \frac{\pi^2}{6}, \zeta(4) = \frac{\pi^4}{90},...$ で表すこ

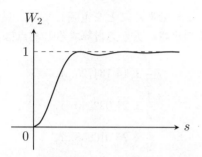

図 1.1: 対相関函数 W_2. $s=0$ 近傍では s^2 で立ち上がり，$W_2 \xrightarrow{s\to\infty} 1$ と漸近する.

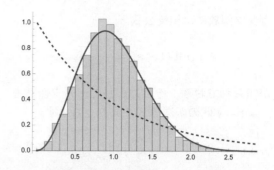

図 1.2: 間隔分布．実線はユニタリ集団ランダム行列固有値の間隔分布 (ウィグナー推量 p_W)，点線は指数分布 (ポアソン分布 p_P) を表す.

となります．つまり零点同士は距離が近い ($s \ll 1$) と存在しにくく，互いに離れた方が存在しやすい，これは零点間に反発力が作用していると解釈されます (図 1.1).

さらにルドニック (Rudnick) とサルナック (Sarnak) はいくつかの仮定の下で零点の k 点相関函数を導いています．

定理 1.1 (ルドニック–サルナック [RS96]). 臨界線上の k 点相関函数は行列式によって与えられる.

$$W_k(x_1,\ldots,x_k) = \det_{1\le i,j\le k} K_{\sin}(x_i, x_j),$$
$$K_{\sin}(x,y) = \frac{\sin \pi(x-y)}{\pi(x-y)}.$$

ここで $K_{\sin}$ を正弦核と呼びます．$k=2$ が対相関函数で，$K_{\sin}(x,x)=1$ であること，また対称性 $K_{\sin}(x,y)=K_{\sin}(y,x)$ に注意すると

$$\det \begin{pmatrix} K_{\sin}(x,x) & K_{\sin}(x,y) \\ K_{\sin}(y,x) & K_{\sin}(y,y) \end{pmatrix}$$
$$= K_{\sin}(x,x)K_{\sin}(y,y) - K_{\sin}(x,y)K_{\sin}(y,x)$$
$$= 1 - \left(\frac{\sin\pi(x-y)}{\pi(x-y)}\right)^2$$

によりモンゴメリの表式 (1.1) を再現します．このように，相関函数が行列式で表されるような分布を行列式点過程 (Determinantal Point Process; DPP) と呼びます．DPP は近

とができます．

年ではインターネットの検索アルゴリズムなどにも使われており，DPP の特徴である各点の間の反発力により似通った検索結果を出にくくすることができます．ルドニック–サルナックの結果はゼータ函数零点の集合がDPP であることを強く示唆しています．

これらの統計的性質は何を意味しているのでしょうか．実はこれらの振る舞いはランダム行列理論と呼ばれる一見全く別の理論でも見られ，ゼータ函数の零点統計がランダム行列理論のそれと本質的に等価であることを示唆しています．ダイソン (Dyson) はランダム行列の固有値分布を考え，その相関函数の行列式表示を示しました．

定理 1.2 (ダイソン [Dys70]). ユニタリ集団ランダム行列の固有値相関函数は行列式で与えられる．

この定理については次回詳しく議論します．上述のモンゴメリはこのダイソンと 1971年にプリンストン高等研究所のティールームで邂逅し，ランダム行列理論におけるダイソンの表式が自身の研究していたゼータ函数の零点統計と等価であることを知る機会になったといいます．このランダム行列理論とゼータ函数の関係はその後様々な発展をもたらすことになりました．

零点間隔分布

もう一つ重要な統計量を紹介しましょう．零点間隔分布と呼ばれる統計量で，その名の通り近接する零点の間隔分布です．一見すると上述のモンゴメリの対相関函数と同じ統計量にも思われますが，間隔分布の方がより詳細な情報を持っています．例えば対相関函数は指定された 2 点に零点を見つける確率を与えますが，この 2 点が最近接であるためには他の零点がこの間に見つかってはいけません．したがって 3 点函数，4 点函数…とより高次の情報も反映されることになります．オドリツコ (Odlyzko) はモンゴメリの論文に動機付けられ 10^5 個の零点から間隔分布を数値計算し，ランダム行列理論で得られていた結果と一致することを発見しました [Odl87]．これにより零点とランダム行列の関係はますます確固としたものになります．図 1.2 は 10^6 番目から 5000 個の零点を用いて求めた間隔分布です．間隔分布を求める際には，間隔平均を 1 に規格化して比較する必要があります．臨界線上で非自明零点の密度 ρ はリーマン–ジーゲルのテータ函数

$$\theta(t) = \operatorname{Im} \log \Gamma\left(\frac{1}{4} + \frac{it}{2}\right) - \frac{t}{2}\log \pi \quad (1.3)$$

により $\rho(x) \approx \theta'(x)/\pi$ でよく近似できるので，[3] 図では t_i を i 番目に小さい零点虚部として $\{\theta(t_i)/\pi\}$ の間隔分布を計算しています．実線はランダム行列の固有値間隔分布として得られるウィグナー (Wigner) 推量と呼ばれる分布

$$p_{\mathrm{W}}(s) = \frac{32}{\pi^2} s^2 \mathrm{e}^{-\frac{4}{\pi^2}s^2} \quad (1.4)$$

で，よく一致しているのが分かります．この分布は規格化条件

$$\int_0^\infty p_{\mathrm{W}}(s)\,\mathrm{d}s = \int_0^\infty s\,p_{\mathrm{W}}(s)\,\mathrm{d}s = 1 \quad (1.5)$$

を満たしますが，これは例えば前述のガンマ函数の積分表示を使うと確認することができます．一方で無相関な乱数列における間隔分布は指数分布 (ポアソン分布)

$$p_{\mathrm{P}}(s) = \mathrm{e}^{-s}$$

で与えられます．ウィグナー推量と同様の規格化条件 (1.5) を満たすことに注意してください．両者を比較すると $s=0$ 近傍での振る舞いに大きな違いがありますが，これは対相関函数でも見られた零点間の反発力に起因するものです．

1.3 ランダム行列ことはじめ：ウィグナー推量

上述のウィグナー推量 (1.4) ですが，簡単な計算で導くことができます．ランダム行列を導入する上で良い例ですので，ここで導出してみましょう．[4]

まずランダム行列とは行列要素が乱数である行列です．どのような分布を与えるかで色々なランダム行列を考えることができますが，ここではまず行列版のガウス (Gauß) 分布というのを考えてみましょう．M をサイズ 2 のエルミート行列とします．

$$M = \begin{pmatrix} a & z \\ \bar{z} & b \end{pmatrix}, \quad a,b \in \mathbb{R}, z \in \mathbb{C}.$$

ここで複素数 $z \in \mathbb{C}$ に対して共役を $\bar{z}$ で表し，$\overline{M_{ji}} = M_{ij}$ であることに注意します．この行列 M が実現する確率を以下のように定めましょう．

$$P(M)\,\mathrm{d}M = \frac{1}{Z}\mathrm{e}^{-\frac{1}{2}\operatorname{tr} M^2}\,\mathrm{d}M$$

ここで測度は $\mathrm{d}M = \mathrm{d}a\,\mathrm{d}b\,\mathrm{d}z\,\mathrm{d}\bar{z}$ とし，Z は

---

[3] これは臨界線上で零点をまたぐ度に符号が変わり，それに応じて偏角が π ずつ付加されることに対応しています．

[4] ランダム行列については次回また改めて導入しますが，詳しくは成書 [永05, 渡14, 木21] などをご覧ください．ランダム行列とゼータ函数論との関係については [小10] でも詳しく論じられています．

規格化条件

$$\int P(M)\,dM = 1$$

により定めます．行列成分で書くとこの分布は

$$e^{-\frac{1}{2}\operatorname{tr} M^2} = e^{-\frac{1}{2}(a^2+b^2)-|z|^2}$$

となりますので，各成分が独立にガウス分布に従う乱数であることがわかります．

それではこのガウス分布から固有値間隔分布を求めましょう．行列 M の2つの固有値は簡単な計算により

$$\lambda_\pm = \frac{a+b}{2} \pm \sqrt{\left(\frac{a-b}{2}\right)^2 + |z|^2}$$

であることがわかり，これにより固有値間隔

$$s = \lambda_+ - \lambda_- = 2\sqrt{\left(\frac{a-b}{2}\right)^2 + |z|^2}$$

を得ます．エルミート行列の固有値は常に実数であり，したがって $s \geq 0$ であることに注意します．ここで $x = (a-b)/2$ と変数変換すると，$s/2 = \sqrt{x^2 + |z|^2}$ となりますが，これは $(x, \operatorname{Re}(z), \operatorname{Im}(z)) \in \mathbb{R}^3$ の動径部分です．したがって測度は $dx\,dz\,d\bar{z} \propto s^2\,ds\,d\Omega$ となり（$d\Omega$ は微小立体角要素），分布函数において s にのみ依存する部分を書き出すと $s^2 e^{-\frac{1}{4}s^2}\,ds$ となります．あとは規格化条件 (1.5) を満たすように s を再規格化することでウィグナー推量 (1.4) を得ます．

練習問題 1.3. M を実対称行列とした場合 ($z \in \mathbb{R}$) に同様の計算を実行せよ．

ここではサイズ2のランダム行列の固有値間隔分布として得られるウィグナー推量とゼータ函数の零点間隔分布を比較しました．この場合には固有値が2つしかないので間隔分布を計算するのも簡単ですが，ランダム行列のサイズを大きくするととたんに難しくなります．ウィグナー推量の表式からもずれが生じますが，実際は行列サイズを大きくする極限下でも依然として間隔分布はウィグナー推量でよく近似されることから，実用上はウィグナー推量の表式がよく用いられます．

1.4 次回予告

今回はゼータ函数を導入してその零点統計に関する諸結果を紹介した後にランダム行列との接点にも触れました．次回はランダム行列をもう少し一般的な状況で定式化し，それを用いてどのようにモンゴメリ，ルドニック–サルナックの零点統計がランダム行列から導かれるのかを議論したいと思います．

参考文献

[Dys70] F. J. Dyson, Commun. Math. Phys. **19** (1970) 235–250.

[Mon73] H. L. Montgomery, Analytic Number Theory, Proc. Sympos. Pure Math., vol. 24, American Mathematical Society, 1973, pp. 181–193.

[Odl87] A. M. Odlyzko, Math. Comp. **48** (1987) 273–308.

[RS96] Z. Rudnick and P. Sarnak, Duke Math. J. **81** (1996) 269–322.

[小10] 小山信也，素数からゼータへ，そしてカオスへ，日本評論社，2010．

[木21] 木村太郎，ランダム行列の数理，森北出版，2021．

[永05] 永尾太郎，ランダム行列の基礎，東京大学出版会，2005．

[渡14] 渡辺澄夫，永尾太郎，樺島祥介，田中利幸，中島伸一，ランダム行列の数理と科学，森北出版，2014．

（きむら たろう／フランス・ブルゴーニュ大学）

代数幾何入門 ②

ユークリッド幾何学から射影幾何学へ（2）

上野 健爾

前回，少し述べたようにポンスレの閉形定理には2個の円錐曲線の共通接線を考えることが重要になる．しかし，たとえば同心円はアフィン幾何学の範囲では複素数まで拡張しても共通接線は持たない．そのためにアフィン空間をさらに拡張して閉じた空間としての射影空間が必要となる．

1.3 射影平面

平行線は無限の彼方では交わっているように見える．また，双曲線とその漸近線も無限の彼方では接しているように見える．このことを数学的に表現するためには (x,y) 平面に無限の彼方の点をつけ加えてできる射影平面が必要である．射影平面では3組の数 $(a,b,c) \neq (0,0,0)$ の比が点を定めている．より正確には，3次元空間 $\mathbb{R}^3$ から原点を除いた点の間に座標の比が同じものは同値であるとして同値関係 $\sim$ を導入する．すなわち $x=(a,b,c) \sim kx=(ka,kb,kc), k \in \mathbb{R}\setminus\{0\}$ と同値関係を導入する．この同値関係による商空間 $(\mathbb{R}^3 \setminus \{(0,0,0)\})/\sim$ を $\mathbb{P}^2(\mathbb{R})$ と記して，**実射影平面**と呼ぶ．(a,b,c) が定める射影平面の点を $(a:b:c)$ と記す．$\mathbb{R}^3$ の座標 (x_0, x_1, x_2) に対して，座標の比 $(x_0:x_1:x_2)$ を射影平面の斉次座標と呼ぶ．

実数の代わりに複素数を使っても射影平面を定義することができる．この場合は3組の複素数 $(a,b,c) \neq (0,0,0)$ に同値関係
$(a,b,c) \sim (a',b',c') \iff (a',b',c') = (\alpha a, \alpha b, \alpha c),$
$\alpha \in \mathbb{C}\setminus\{0\}$
を導入し，商空間を $\mathbb{P}^2(\mathbb{C})$ と記して**複素射影平面**と呼ぶ．実数や複素数の代わりに可換体 K に対しても同様に体 K 上の射影平面 $\mathbb{P}^2(K)$ を定義することができる．

$a \neq 0$ であれば $(a:b:c) = (1:b/a:c/a)$ であるので $(b/a, c/a)$ を (x,y) 平面の点と考えることができる．逆に (x,y) 平面の点 (x_1, y_1) に対して $(1:x_1:y_1)$ は射影平面の点である．$(x,y) \mapsto (1:x:y)$ によって (x,y) 平面は射影平面 $\mathbb{P}^2(\mathbb{R})$ にそのまま埋め込むことができる[※1]．これに対応して斉次座標 $(x_0:x_1:x_2)$ に対して

$$x = \frac{x_1}{x_0}, \quad y = \frac{x_2}{x_0}$$

と対応させると (x,y) 平面の n 次式の零点で定義される曲線に射影平面の曲線を次のように対応させることができる．ただし，射影平面では比のみが重要であったので $F(x_0, x_1, x_2) = 0$ が射影平面の点集合を定義するためには，F は斉次多項式（すべて同じ次数の単項式の和）である必要がある．F が n 次斉次式であれば

$$F(\alpha x_0, \alpha x_1, \alpha x_2) = \alpha^n F(x_0, x_1, x_2)$$

が成り立ち，$F(a_0, a_1, a_2) = 0$ であれば $F(\alpha a_0, \alpha a_1, \alpha a_2) = 0$ が成り立つからである．そこで n 次式 $f(x,y)$ に対して，対応する (x_0, x_1, x_2) の n 次斉次式 $F(x_0, x_1 x_2)$ を

$$F(x_0, x_1, x_2) = x_0^n f\left(\frac{x_1}{x_0}, \frac{x_2}{x_1}\right)$$

と定義すると n 次斉次式となる．すると (x,y)

[※1] $U_j = \{(a_0:a_1:a_2) \in \mathbb{P}^2(\mathbb{R}) \mid a_j \neq 0\}, j=0,1,2$ とおくと，U_j は平面 $\mathbb{R}^2$ と見ることができる．U_1 では $(x_0/x_1, x_2/x_1)$ が，U_2 では $(x_0/x_2, x_1/x_2)$ が $\mathbb{R}^2$ の座標を与えている．

平面で，$f(x,y)=0$ で定義される平面図形は $F(x_0,x_1,x_2)=0$ で定義される射影平面の図形に拡張することができる．

例えば直線の式
$$ax+by=c$$
は
$$x_0\left(a\cdot\frac{x_1}{x_0}+b\cdot\frac{x_2}{x_0}-c\right)=ax_1+bx_2-cx_0=0$$
と書き直すことができる．逆に1次斉次式で定義される図形
$$\alpha x_0+\beta x_1+\gamma x_2=0$$
は**射影直線**と呼ばれ，定義式を x_0 で割ることによって (x,y) 平面の直線の式
$$\alpha+\beta x+\gamma y=0$$
を対応させることができる．一つだけ例外があって，射影直線
$$x_0=0$$
は (x,y) 平面に対応する直線は存在しない．$x_0=0$ で定義される射影直線を**無限遠直線**と呼ぶ．以下では射影直線も単に直線と呼ぶことにする．射影平面から無限遠直線を除いたものが (x,y) 平面と同一視される．無限遠直線と曲線の交点が射影平面で考えるときに新たに増えた点である．

そこで，(x,y) 平面の直線 $ax+by=c$ と無限遠直線 $x_0=0$ との交点を調べてみよう．$ax_1+bx_2-cx_0=0, x_0=0$ より $ax_1+bx_2=0$ が成り立ち，この解は $x_1:x_2=-b:a$ である．これより $ax+by=c$ は無限遠直線と点 $(0:-b:a)$ で交わることが分かる．言い換えると，直線の傾きに応じて無限遠直線との交点が決まる．あるいは無限遠直線上の各点は直線の傾きに対応していると見ることもできる．このことから平行な2直線はその傾きに対応する無限遠点で交わることが分かる．実際，(x,y) 平面で平行な2直線を
$$ax+by+c=0,$$
$$ax+by+d=0, c\neq d$$
とすると，この2直線は射影平面では
$$ax_1+bx_2+cx_0=0$$
$$ax_1+bx_2+dx_0, c\neq d$$
と表される．この2個の方程式から $(c-d)x_0=0$ が得られ，2直線の交点は $x_0=0$ 上にあり，$(0:-b:a)$ であることが分かる．平行でない直線は (x,y) 平面で交わっている．

直線の無限の彼方に点があり，しかもどちらの方向に行っても同じ無限遠になるので，実射影平面 $\mathbb{P}^2(\mathbb{R})$ では直線は閉じていることが分かる．位相的には円と同相であることが示される．複素射影平面 $\mathbb{P}^2(\mathbb{C})$ では射影直線は球面と同相になる．このことについては後述する．

ところで (x,y) 平面の原点を中心とする半径 $r>0$ の円 $x^2+y^2=r^2$ に対して対応する射影平面の式は
$$x_1^2+x_2^2-r^2x_0^2=0$$
となる．これも半径 r の円と呼ぶことにする．無限遠直線 $x_0=0$ と円 $x_1^2+x_2^2-r^2x_0^2=0$ とは実射影平面 $\mathbb{P}^2(\mathbb{R})$ では交わらない．なぜならば $x_0=0$ であれば $x_1^2+x_2^2=0$ となり $x_1=0$，$x_2=0$ であるが，射影平面では $(0:0:0)$ は除外されているからである．しかし，複素射影平面 $\mathbb{P}^2(\mathbb{C})$ では無限遠点 $(0:1:i),(0:1:-i)$ の2点で交わっている．このように複素数まで拡張すると曲線の交わりに関して例外がなくなって都合がよい．これは複素数が代数的閉体であるという性質に基づくので，代数幾何学では代数的閉体で図形を考えることが多い．

一方，双曲線や放物線は実数の範囲でも無限遠直線と交わっている．双曲線 $x^2/a^2-y^2/b^2=1$ は斉次座標では
$$x_1^2/a^2-x_2^2/b^2-x_0^2=0$$
で表される．無限遠直線との交点は $x_0=0$ との交点として $(0:b:a),(0:-b:a)$ の2点である．これが新たに付け加わる点であり，これらの点で，漸近線 $bx_1\pm ax_2=0$ と双曲線は交わっている．今の場合は，複素数まで拡大しても交点は増えないことは上の議論から明らかである．

ところで，これらの点で漸近線は双曲線に接していることを見てみよう．そのために，射影平面で $x_2 \neq 0$ の部分 (U_2) で考える．座標として
$$u = x_0/x_2, \quad v = x_1/x_2$$
を考える．この座標によって双曲線は
$$v^2/a^2 - u^2 = 1/b^2,$$
漸近線は $v = \pm a/b$ と表され，漸近線は点 $(u, v) = (0, \pm a/b)$ で双曲線に接していることが分かる（図1.4）．

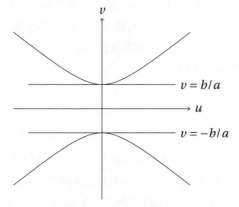

図1.4 双曲線の漸近線は無限遠点で双曲線に接している．

次に放物線 $y = ax^2$, $a \neq 0$ を射影平面で考えてみよう．斉次座標では
$$x_0 x_2 - ax_1^2 = 0,$$
で表される．無限遠直線との交点は $(0:0:1)$ であり，一点が付け加わる．放物線 $y = ax^2$ は無限遠直線とこの点で接していることは次のようにして分かる．再び射影平面で $x_2 \neq 0$ の部分 (U_2) で考え，$u = x_0/x_2, v = x_1/x_2$ と置くと放物線は
$$u = av^2$$
と書かれる．この放物線の $(u, v) = (0, 0)$ での接線は
$$u = 0$$
であり，放物線は原点で v 軸 $u = 0$ に接している．

次に，同心円
$$x^2 + y^2 = R^2,$$
$$x^2 + y^2 = r^2, \quad 0 < r < R$$
を複素射影平面で考えてみよう．斉次座標 (x_0, x_1, x_2), $x = x_1/x_0, y = x_2/x_0$ を使って書き直すと
$$x_1^2 + x_2^2 = R^2 x_0^2,$$
$$x_1^2 + x_2^2 = r^2 x_0^2, \quad 0 < r < R$$
となるので，この連立方程式を解くと $x_0 = 0$ を得，従って交点は $(0:1:i)$, $(0:1:-i)$ の2点であることが分かる．これらの交点での2円の交わりを調べるためには $x_1 \neq 0$ となるアフィン平面 U_1 に円を制限して考えるとよい．$u = x_0/x_1$, $v = x_2/x_1$ をこのアフィン平面の座標と考えると 2円の方程式は
$$R^2 u^2 - v^2 - 1 = 0$$
$$r^2 u^2 - v^2 - 1 = 0$$
となり，交点は $(u, v) = (0, \pm i)$ となる．点 $(0, i)$ での接線の方程式は両者とも
$$v - i = 0$$
点 $(0, -i)$ での接線の方程式は両者とも
$$v + i = 0$$
となる．これは2円がこれらの点で接していることを意味し，その点での接線は2円の共通接線でもある．この2円はこれらの点で重複度2で接しており，2円の交点数が4であること，また共通接線は2本しかないが，それぞれが重複度2である，言い換えると本来は2本異なる接線が同心円の場合は重なってしまっていると考えることができることを後に示す．

1.4 射影変換

ここでは簡単のため実射影平面 $\mathbb{P}^2(\mathbb{R})$ で考えることにする．体 K 上の射影平面 $\mathbb{P}^2(K)$ では射影変換の係数を体 K で考えればよい．

射影変換は合同変換，アフィン変換を含む射影平面の変換（写像）である．アフィン変換は無限遠直線を変えない射影変換と同一視できることを示す．

定義 1.6

斉次座標での点 $(x_0:x_1:x_2)$ に対して点 $(y_0:y_1:y_2)$ が

$$\begin{pmatrix} y_0 \\ y_1 \\ y_2 \end{pmatrix} = \rho \begin{pmatrix} a_{00} & a_{01} & a_{02} \\ a_{10} & a_{11} & a_{12} \\ a_{20} & a_{21} & a_{22} \end{pmatrix} \begin{pmatrix} x_0 \\ x_1 \\ x_2 \end{pmatrix}, \quad (1.5)$$

$$\rho \neq 0, \quad \begin{vmatrix} a_{00} & a_{01} & a_{02} \\ a_{10} & a_{11} & a_{12} \\ a_{20} & a_{21} & a_{22} \end{vmatrix} \neq 0$$

で定義される写像を**射影変換**という. $\mathbb{P}^2(\mathbb{C})$ で考える場合は a_{ij} をすべて複素数に取ればよい. $\mathbb{P}^2(\mathbb{C})$ での射影変換を**複素射影変換**, $\mathbb{P}^2(\mathbb{R})$ での射影変換は**実射影変換**という. $\mathbb{P}^2(K)$ の場合は**体 K 上の射影変換**という.

斉次座標では比のみが重要であるので (1.5) の行列に $\rho \neq 0$ を掛けても移る点は変わらないことに注意する. 点 (x, y) を点 (X, Y) に移すアフィン変換は

$$\begin{pmatrix} 1 \\ X \\ Y \end{pmatrix} = \begin{pmatrix} 1 & 0 & 0 \\ \alpha & a & b \\ \beta & c & d \end{pmatrix} \begin{pmatrix} 1 \\ x \\ y \end{pmatrix}, \quad \begin{vmatrix} a & b \\ c & d \end{vmatrix} \neq 0$$

と書くことができるので, $X = y_1/y_0$, $Y = y_2/y_0$, $x = x_1/x_0$, $y = x_2/x_0$ と書くことによって, 自然に射影変換

$$\begin{pmatrix} y_0 \\ y_1 \\ y_2 \end{pmatrix} = \rho \begin{pmatrix} 1 & 0 & 0 \\ \alpha & a & b \\ \beta & c & d \end{pmatrix} \begin{pmatrix} x_0 \\ x_1 \\ x_2 \end{pmatrix}, \quad (1.6)$$

$$\rho \neq 0, \quad \begin{vmatrix} a & b \\ c & d \end{vmatrix} \neq 0$$

と考えることができる. この変換では $y_0 = \rho x_0$ となり無限遠直線 $x_0 = 0$ は無限遠直線 $y_0 = 0$ に移される. 逆に無限遠直線 $x_0 = 0$ を無限遠直線 $y_0 = 0$ に移す射影変換 (1.5) は (1.6) の形をしていなければならない.

命題 1.7 射影平面 $\mathbb{P}^2(\mathbb{R})$ の任意の直線は射影変換によって無限遠直線に移すことができる. したがって, 射影変換によって二本の異なる直線は互いに移り合うことができる. また, 楕円, 放物線, 双曲線は射影変換によって単位円に移すことができる. また, 直角双曲線 $x_1 x_2 - x_0^2 = 0$ に移すこともできる. $\mathbb{P}^2(\mathbb{C})$ でも同様の事実が成り立つ.

証明 直線の式が $ax_0 + bx_1 + cx_2 = 0$ であれば (1.5) の行列で $a_{00} = a$, $a_{01} = b$, $a_{02} = c$ にとると, この直線は無限遠直線に移される.

アフィン変換によって楕円は単位円に, 双曲線は $x^2 - y^2 = 1$ に放物線は $y = x^2$ に移されるので, これらの曲線が射影変換で単位円にされることを示せばよい.

単位円 $x^2 + y^2 = 1$ は斉次座標では $x_1^2 + x_2^2 - x_0^2 = 0$, 双曲線 $x^2 - y^2 = 1$ は斉次座標では $x_0^2 - x_1^2 + x_2^2 = 0$ で定義される. 射影変換 $(x_0:x_1:x_2) \mapsto (x_1:x_0:x_2)$ によって $x_1^2 - x_2^2 - x_0^2 = 0$ は $x_0^2 - x_1^2 - x_2^2 = 0$ に移される.

放物線 $y = x^2$ は斉次座標では $x_0 x_2 - x_1^2 = 0$ と表されるので, 射影変換 $(x_0:x_1:x_2) \mapsto (x_0 + x_2 : x_1 : x_0 - x_2)$ によって放物線は単位円 $x_0^2 - x_1^2 - x_2^2 = 0$ に移される. また, 射影変換 $(x_0:x_1:x_2) \mapsto ((x_1 + x_2)/2 : (x_1 - x_2)/2 : x_0)$ によって単位円は直角双曲線 $x_1 x_2 - x_0^2 = 0$ に移される.

[証明終]

射影変換によって不変な図形の性質を探求する幾何学が射影幾何学である. したがって, 射影幾何学では楕円, 放物線, 双曲線の違いはなくなる. また, 射影変換は接線を接線に移すことも簡単に示される. 射影平面での接線については後述する.

1.5 射影平面の双対原理

射影直線

$$a_0 x_0 + a_1 x_1 + a_2 x_2 = 0 \quad (1.7)$$

に対して射影平面の点 $(a_0:a_1:a_2)$ を対応させることができる. 直線の式の 0 以外の定数倍は

同じ直線を表すからである．逆に射影平面の点 $(a_0:a_1:a_2)$ に対して直線の式 (1.7) を対応させることができる．このとき簡単な計算で次の重要な事実を示すことができる．

> **定理 1.8** 異なる 2 直線
> $$a_0x_0+a_1x_1+a_2x_2=0$$
> $$b_0x_0+b_1x_1+b_2x_2=0$$
> の交点は
> $$\left(\begin{vmatrix}a_1 & a_2\\b_1 & b_2\end{vmatrix}:\begin{vmatrix}a_2 & a_0\\b_2 & b_0\end{vmatrix}:\begin{vmatrix}a_0 & a_1\\b_0 & b_1\end{vmatrix}\right)$$
> で与えられ，2 点 $(a_0:a_1:a_2)$ と $(b_0:b_1:b_2)$ を通る直線は
> $$\begin{vmatrix}a_1 & a_2\\b_1 & b_2\end{vmatrix}x_0+\begin{vmatrix}a_2 & a_0\\b_2 & b_0\end{vmatrix}x_1+\begin{vmatrix}a_0 & a_1\\b_0 & b_1\end{vmatrix}x_2=0$$
> で与えられる．

この定理を，射影平面におけ**双対原理**という．これによって，2 直線の交点に関する定理を，2 点を通る直線の定理に読み替えることができる．

さらに次の事実も成り立つ．

命題 1.9 原点を中心とする単位円上にある点 $P=(a_0:a_1:a_2)$ に対応する直線
$$a_0x_0+a_1x_1+a_2x_2=0$$
は単位円上の点 $(-a_0:a_1:a_2)$ でのこの円の接線と一致する．また，逆に，原点を中心とする単位円上の点 $Q=(-a_0:a_1:a_2)$ に対応する直線
$$-a_0x_0+a_1x_1+a_2x_2=0$$
は原点を中心とする単位円上の点 $(a_0:a_1:a_2)$ でのこの円の接線と一致する．

証明 単位円 $x^2+y^2=1$ 上の点 (a,b) での接線は $ax+by=1$ であり，$(1:a:b)=(a_0:a_1:a_2)$ での単位円の接線は
$$-a_0x_0+a_1x_1+a_2x_2=0$$
である．この接線に対応する点 $(-a_0:a_1:a_2)$ は単位円の点である． ［証明終］

ところで，直線 ℓ が斉次多項式の零点として定義されている図形 C と点 P で接していれば，射影変換 φ によって移された直線 $\varphi(\ell)$ は $\varphi(C)$ と点 $\varphi(P)$ で接していることを示すことができる．したがって命題 1.4 は任意の円錐曲線の場合に拡張できる．

1.6 双対原理の応用として
ーパスカルの定理とブリアンションの定理

> **定理 1.10**（パスカルの定理）
> 円錐曲線上に 6 点 P_0,P_1,P_2,P_3,P_4,P_5 をとり，直線 P_0P_1 と直線 P_3P_4 の交点を Q，直線 P_1P_2 と直線 P_4P_5 の交点を R，直線 P_2P_3 と直線 P_5P_0 の交点を S とすると Q, R, S は一直線上にある．

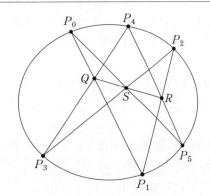

図 1.5 パスカルの定理

命題 1.4 に注意して双対原理を適用すると，パスカルの定理からブリアンションの定理が導かれる．

> **定理 1.11**（ブリアンションの定理）
> 円錐曲線の接線 a_0,a_1,a_2,a_3,a_4,a_5 に対して a_0 と a_1 の交点と a_3 と a_4 の交点を結ぶ直線を q，a_1 と a_2 の交点と a_4 と a_5 の交点を結ぶ直線を r，a_2 と a_3 の交点と a_5 と a_0 の交点を結ぶ直線を s とすると q, r, s は一点で交わる．

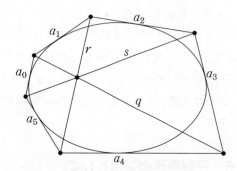

図1.6 ブリアンションの定理

逆にブリアンションの定理を証明すれば，それから双対原理によってパスカルの定理が成り立つことが分かる．

──────── パスカルの定理の証明 ────────

図 1.5 の直線 P_0P_1 を無限遠直線に射影変換で移すと，楕円は双曲線に移る．さらにアフィン変換を施すことによって双曲線は (x, y) 平面での直角双曲線 $xy = 1$ に移すことができる（命題 1.2）．斉次座標を使えば，直角双曲線は
$$x_1x_2 = x_0^2$$
の形をしている．点 P_0, P_1 は無限遠直線上にあるので
$$x_1x_2 = 0$$
が成り立ち，必要であれば 1 と 2 を取り替えることによって
$$P_0 = (0:1:0), \quad P_1 = (0:0:1)$$
と仮定してよい．無限遠直線上にない残りの 4 点を
$$P_j = (1:t_j:1/t_j), \quad t_j \neq 0, \quad j = 2, \cdots, 5$$
と記す．このとき
$$Q = P_0P_1 \cap P_3P_4, \quad S = P_2P_3 \cap P_5P_0,$$
$$R = P_4P_5 \cap P_1P_2$$
である．

$j = 2, 3, 4$ のとき，直線 P_jP_{j+1} の式は (x, y) 座標では
$$y - 1/t_j = \frac{1/t_j - 1/t_{j+1}}{t_j - t_{j+1}}(x - t_j) = -\frac{1}{t_jt_{j+1}}(x - t_j)$$
となるので，斉次座標を使うと
$$x_1 + t_jt_{j+1}x_2 - (t_j + t_{j+1})x_0 = 0$$
となる．また直線 P_5P_0 は
$$t_5x_2 - x_0 = 0$$
で与えられる．同様に直線 P_1P_2 の式は
$$x_1 - t_2x_0 = 0$$
で与えられる．

したがって点 Q の座標は
$$P_0P_1 : x_0 = 0$$
$$P_3P_4 : x_1 + t_3t_4x_2 - (t_3 + t_4)x_0 = 0$$
と解いて得られる．
$$Q = (0 : -t_3t_4 : 1).$$
点 S の座標は
$$P_2P_3 : x_1 + t_2t_3x_2 - (t_2 + t_3)x_0 = 0$$
$$P_5P_0 : t_5x_2 - x_0 = 0$$
と解いて得られる．
$$S = (1 : t_2 + t_3 - t_2t_3/t_5 : 1/t_5).$$
また，点 R の座標は
$$P_4P_5 : x_1 + t_4t_5x_2 - (t_4 + t_5)x_0 = 0$$
$$P_1P_2 : x_1 - t_2x_0 = 0$$
を解いて得られる．
$$R = (1 : t_2 : (t_4 + t_5 - t_2)/(t_4t_5)).$$
点 S, R は (x, y) 平面上にあるので，直線 SR の (x, y) 平面での式は
$$y - \frac{t_4 + t_5 - t_2}{t_4t_5} = \frac{\dfrac{1}{t_5} - \dfrac{t_4 + t_5 - t_2}{t_4t_5}}{t_3 - \dfrac{t_2t_3}{t_5}}(x - t_2)$$
これを整理すると
$$y - \frac{t_4 + t_5 - t_2}{t_4t_5} = -\frac{1}{t_3t_4}(x - t_2)$$
を得る．斉次座標に直すと
$$t_5x_1 + t_3t_4t_5x_2 - \{t_3(t_4 + t_5 - t_2) + t_2t_5\}x_0 = 0$$
を得る．この直線上に点 $Q = (0 : -t_3t_4 : 1)$ はのっているので，Q, S, R は一直線上にある．

[証明終]

こうして，射影幾何学によってパスカルの定理が初等的な座標幾何学の問題に帰着された．

（うえの けんじ
／四日市大学 関孝和研究所所長）

代数学の幾何的トレッキング 第6回

正多面体群の不変式

難波 誠

6.1 前回の話より

前回，三次元空間 $\mathbb{R}^3$ の原点 O を中心とする，半径 1 の球面（単位球面）$\mathbb{S}^2$ を，その南極 $(0, 0, -1)$ 中心の極射影 Λ で，複素数球面 $\hat{\mathbb{C}} = \mathbb{C} \cup \{\infty\}$ と同一視し，正多面体群を $\hat{\mathbb{C}}$ の変換（一次分数変換）の群とみなした：

$$\tilde{G}(\mathbb{P}_6^{(0)}),\ \tilde{G}(\mathbb{P}_4^{(0)}),\ \tilde{G}(\mathbb{P}_{20}^{(0)}),\ \tilde{G}(\Delta_n^{(0)}) \tag{1}$$

（最後は，二面体群）．

これらの群のひとつを $\tilde{G}$ とする．$\tilde{G}$ は $\hat{\mathbb{C}}$ 内に軸点集合 $\tilde{\Omega}$ を持ち，$\tilde{\Omega}$ は三つの軌道に分割されていた：

$$\tilde{\Omega} = \tilde{\Omega}_1 \cup \tilde{\Omega}_2 \cup \tilde{\Omega}_3 \tag{2}$$

$\tilde{\Omega}_j$ $(j=1,2,3)$ に属する複素数を根とする（最高次係数 1 の）多項式 $F_j(X)$ を考える：

$$F_j(X) := \prod_{u \in \tilde{\Omega}_j,\ u \neq \infty} (X - u) \tag{3}$$

これら $F_j(X)$ は，代数的関係式をみたす．たとえば $\tilde{G} = \tilde{G}(\mathbb{P}_{20}^{(0)})$ の場合は

$$F_1(X)^2 - F_2(X)^3 - 1728 F_3(X)^5 = 0 \tag{4}$$

と言う関係式が成り立っている．この場合，(3) の展開式は

$$F_1(X) = X^{30} + 522 X^{25} - 10005 X^{20}$$
$$\qquad\qquad - 10005 X^{10} - 522 X^5 + 1,$$
$$F_2(X) = X^{20} - 228 X^{15} + 494 X^{10} + 228 X^5 + 1,$$
$$F_3(X) = X^{11} + 11 X^6 - X \tag{5}$$

となっている．$F_3(X)$ が $\tilde{\Omega}_3$ の元（要素）の個数 $d_3 = 12$ の 12 次多項式でなく，11 次多項式になっているのは，$\tilde{\Omega}_3$ が ∞ を含むからである．詳しく書くと，

$$\tilde{\Omega}_3 = \{0, \infty, \zeta^k(\zeta + \zeta^4), \zeta^k(\zeta^2 + \zeta^3)$$
$$(k = 0, 1, 2, 3, 4)\} \tag{6}$$

$(\zeta := \cos(2\pi/5) + i \sin(2\pi/5))$ となっている．

さて，元に戻って，$\tilde{G}$ を (1) のどれかの群とする．$\tilde{G}$ は，像への 2 対 1 写像である準同型写像 $\Phi : SU(2) \longrightarrow \mathrm{Aut}(\hat{\mathbb{C}})$（一次分数変換全体の群）

$$\begin{pmatrix} \alpha & -\bar{\gamma} \\ \gamma & \bar{\alpha} \end{pmatrix} \mapsto \varphi,\quad \varphi(z) = \frac{\alpha z - \bar{\gamma}}{\gamma z + \bar{\alpha}} \tag{7}$$

$(|\alpha|^2 + |\gamma|^2 = 1)$ の像 $\Phi(SU(2)) (\simeq SO(3))$ の部分群である．

いま，

$$\varphi(z) = \frac{\alpha z - \bar{\gamma}}{\gamma z + \bar{\alpha}}\ (\alpha, \gamma \in \mathbb{C}, |\alpha|^2 + |\gamma|^2 = 1) \tag{8}$$

を，$\tilde{G}$ に属する一次分数変換とするとき，$F_j(\varphi(X))$ に $(\gamma X + \bar{\alpha})^{d_j}$ $(d_j$ は $\tilde{\Omega}_j$ の点の個数) をかけた多項式を $F_j^\varphi(X)$ とおくと，これは，($\tilde{\Omega}_j$ に属する複素数を根とするので) $F_j(X)$ の定数倍に等しくなる：

$$F_j^\varphi(X) = c_j(\varphi) F_j(X)\ (c_j(\varphi) \in \mathbb{C}^* := \mathbb{C} \setminus \{0\}) \tag{9}$$

この写像 $c_j : \tilde{G} \longrightarrow \mathbb{C}^*, \varphi \mapsto c_j(\varphi)$，は準同型写像になり，$\tilde{G}$ の一次表現とよばれる．

とくに $\tilde{G} = \tilde{G}(\mathbb{P}_{20}^{(0)})$ の場合は

$$c_j = 1\ (j = 1, 2, 3) \tag{10}$$

（すなわち，$\tilde{G}(\mathbb{P}_{20}^{(0)})$ の任意の φ に対して $c_j(\varphi) = 1$）である．しかし，(1) の他の群では，1 でない c_j が

あらわれる．

(10)の成り立つ理由は，『$\tilde{G}(\mathbb{P}_{20}^{(0)})$（そして，それに同型な，5次交代群 A_5）が**単純群**（自身と$\{e\}$以外に正規部分群を持たない群）である』からである．それゆえ，$\tilde{G}(\mathbb{P}_{20}^{(0)})$の場合は，(9)は

$$F_j^\varphi(X) = F_j(X) \quad (\varphi \in \tilde{G}(\mathbb{P}_{20}^{(0)})) \tag{11}$$

と書ける．

注意

(ⅰ) この『　』部分は，後の回に証明をあたえる．

(ⅱ) $\tilde{G} = \tilde{G}(\mathbb{P}_{20}^{(0)})$の場合の$F_j(X)$の展開式(5)のうち，$F_3(X)$の展開式は，((6)によって) 容易に計算出来るが，$F_1(X), F_2(X)$の展開式の計算は容易でない．これらについては，最後の小節6.5で説明する．

(ⅲ) 関係式(4)は，左辺を計算すれば得られるのだが，より簡単な方法で示すことが出来る．それは，大略，次の方法である（詳細の議論は読者に委ねる）：多項式 $G(X) := F_1(X)^2 - F_2(X)^3$ を考える．$F_1(X)^2, F_2(X)^3$ の最高次，その次，最低次，その前の項は，((5)より)

$$F_1(x)^2 = x^{60} + 1044x^{55} + \cdots - 1044x^5 + 1$$
$$F_2(x)^3 = x^{60} - 684x^{55} + \cdots + 684x^5 + 1$$

とわかる．辺々引き算すると，

$$G(X) = 1728X^{55} + \cdots - 1728X^5$$

となる．それゆえ，$G(X)$は$X=0$を5重根に持っている．さて，任意の$\varphi \in \tilde{G}(\mathbb{P}_{20}^{(0)})$に対し，$F_1^\varphi(X)^2 = F_1(X)^2, F_2^\varphi(X)^3 = F_2(X)^3$ なので $G^\varphi(X) = G(X)$ となる．これより，$G(X)$は，$\tilde{\Omega}_3$に属する全ての複素数を根としていることがわかる．それゆえ$G(X)$は$F_3(X)$でわり切れる．割った商多項式は$X=0$を4重根に持っている．ゆえに，同様の議論で，商多項式は，$F_3(X)$で割り切れる．これをくり返すと，結局，$G(X)$は$F_3(X)^5$でわり切れるが，次数を考えると，$G(X)$は$F_3(X)^5$の定数倍である．その定数は，上より，1728に等しい．

注意終

6.2 二変数斉次多項式（形式）について

x_1, x_2 を（複素）変数とする$\mathbb{C}$上n次の2変数斉次多項式

$$F(x_1, x_2) = u_0 x_1^n + u_1 x_1^{n-1} x_2 + \cdots + u_n x_2^n \tag{12}$$

$(u_j \in \mathbb{C} (j = 0, 1, \cdots, n))$ は，別名，n**次形式**，または単に，**形式**(form)とよばれる．

n次形式全体の集合 $\mathbb{V}_n$ は，和とスカラー倍によって$\mathbb{C}$上$n+1$次元ベクトル空間をなしている．それは，数ベクトル$(u_0, u_1, \cdots, u_n)$全体のベクトル空間$\mathbb{C}^{n+1}$と同一視できる．

1変数Xのn次多項式

$$F(X) = u_0 X^n + u_1 X^{n-1} + \cdots + u_n \tag{13}$$

$(u_j \in \mathbb{C}, u_0 \neq 0)$ に対し，$F(X)$の**斉次化**とは，$F(X)$のXの代りにx_1/x_2を代入した$F(x_1/x_2)$にx_2^nをかけたn次形式のことである．それは(12)と$(u_0 \neq 0$以外)同じ形をしているので，同じ記号で，$F(x_1, x_2)$と書こう：$F(x_1, x_2) := x_2^n F(x_1/x_2)$．（逆に形式$F(x_1, x_2)$において，$x_2 = 1, x_1 = X$とおけば，(高々$n$次の)多項式 $F(X)$ がえられる．）

（筆者が主に参考にしている）文献クライン[1]，藤原[2]では，(3)の多項式$F_j(X)$でなく，それの斉次化である$F_j(x_1, x_2)$を，専ら，論じている．

ただし，$\infty \in \tilde{\Omega}_j$ のときは，$F_j(X)$の次数が$d_j - 1$になるが，この場合は

$$F_j(x_1, x_2) := x_2^{d_j} F_j(x_1/x_2) \quad (d_j := \#(\tilde{\Omega}_j))$$

と定義する．

詳しく書けば，d_j次形式 $F_j(x_1, x_2)$ は次のとおりである（前回参照）：

$\tilde{G} = \tilde{G}(\mathbb{P}_6^{(0)})$**の場合**

$$F_1(x_1, x_2) = x_1^{12} - 33 x_1^8 x_2^4 - 33 x_1^4 x_2^8 + x_2^{12},$$
$$F_2(x_1, x_2) = x_1^8 + 14 x_1^4 x_2^4 + x_2^8,$$

$$F_3(x_1, x_2) = x_1 x_2 (x_1^4 - x_2^4)$$

$\tilde{G} = \tilde{G}(\mathbb{P}_4^{(0)})$ の場合

$$F_1(x_1, x_2) = x_1 x_2 (x_1^4 - x_2^4),$$
$$F_2(x_1, x_2) = x_1^4 + 2\sqrt{3}\, i x_1^2 x_2^2 + x_2^4,$$
$$F_3(x_1, x_2) = x_1^4 - 2\sqrt{3}\, i x_1^2 x_2^2 + x_2^4 \qquad (14)$$

$\tilde{G} = \tilde{G}(\mathbb{P}_{20}^{(0)})$ の場合

$$F_1(x_1, x_2) = x_1^{30} + 522 x_1^{25} x_2^5$$
$$- 10005 x_1^{20} x_2^{10} - 10005 x_1^{10} x_2^{20} - 522 x_1^5 x_2^{25} + x_2^{30},$$
$$F_2(x_1, x_2) = x_1^{20} - 228 x_1^{15} x_2^5$$
$$+ 494 x_1^{10} x_2^{10} + 228 x_1^5 x_2^{15} + x_2^{20},$$
$$F_3(x_1, x_2) = x_1 x_2 (x_1^{10} + 11 x_1^5 x_2^5 - x_2^{10}) \qquad (15)$$

$\tilde{G} = \tilde{G}(\Delta_n^{(0)})$ の場合

$$F_1(x_1, x_2) = x_1^n + x_2^n,$$
$$F_2(x_1, x_2) = x_1^n - x_2^n,$$
$$F_3(x_1, x_2) = x_1 x_2$$

これら $F_j(x_1, x_2)$ $(j = 1, 2, 3)$ は, 代数的関係式をみたす. たとえば, $\tilde{G} = \tilde{G}(\mathbb{P}_{20}^{(0)})$ の場合は

$$F_1(x_1, x_2)^2 - F_2(x_1, x_2)^3 - 1728 F_3(x_1, x_2)^5 = 0$$

と言う関係式をみたしている. ((4) で X に x_1/x_2 を代入し, 分母を払えばよい.)

さて, $\tilde{G}$ を (1) の群のどれかとする. $F_j(x_1, x_2)$ $(j = 1, 2, 3)$ を $F_j(X)$ の斉次化とする. $\tilde{G}$ の任意の元 φ は, $F_j(X)$ に $F_j^\varphi(X)$ として作用したが, $F_j(x_1, x_2)$ には, この作用でなく, $\Phi^{-1}(\varphi) = \{A, -A\}$ の行列 A ($と -A$) を作用させる方が自然である.

その議論のために, 次小節で, n 次形式に対する, 一般の 2 次正方行列 A の作用について議論する.

6.3 表現 ρ と $\hat{\rho}$

一般に, 群 G の**表現** (representation) とは, G から, ベクトル空間 $\mathbb{V}$ の, $GL(\mathbb{V})$ ($\mathbb{V}$ から自身への線形変換全体のなす群) への準同型写像のことである.

$\mathbb{V}$ を n 次形式全体のベクトル空間 $\mathbb{V}_n$ とし, G を 2 次一般線形群とした, G の表現

$$\rho = \rho_n : GL(2, \mathbb{C}) \longrightarrow GL(\mathbb{V}_n)$$

を, 次のように定義する: $F = F(x_1, x_2) \in \mathbb{V}_n$ に対し

$$\rho(A)(F)(x_1, x_2) := F((x_1, x_2)A) \qquad (16)$$

$((x_1, x_2)A$ は, (1×2)- 行列と (2×2)- 行列の積).

> **命題 6.1** ρ は表現である. すなわち, $A, B \in GL(2, \mathbb{C})$ に対し $\rho(AB) = \rho(A)\rho(B)$ が成り立つ.

証明 $(y_1, y_2) := (x_1, x_2)A$ とおく. 任意の F に対し

$$\rho(A)(\rho(B)(F))(x_1, x_2) = \rho(B)(F)((x_1, x_2)A)$$
$$= \rho(B)(F)(y_1, y_2) = F((y_1, y_2)B) = F((x_1, x_2)AB)$$
$$= \rho(AB)(F)(x_1, x_2).$$

ゆえに, $\rho(AB) = \rho(A)\rho(B)$. **証明終**

具体的に, いま, $GL(2, \mathbb{C})$ の元

$$A = \begin{pmatrix} a & b \\ c & d \end{pmatrix} \quad (\det A = ad - bc \neq 0) \qquad (17)$$

の, 二次形式

$$F = u_0 x_1^2 + u_1 x_1 x_2 + u_2 x_2^2$$

に対する $\rho(A)F$ を求めてみよう.

$$\rho(A)(F)(x_1, x_2) = F((x_1, x_2)A)$$
$$= F(ax_1 + cx_2, bx_1 + dx_2)$$
$$= u_0 (ax_1 + cx_2)^2 + u_1 (ax_1 + cx_2)(bx_1 + dx_2)$$
$$\qquad + u_2 (bx_1 + dx_2)^2$$
$$= (a^2 u_0 + abu_1 + b^2 u_2) x_1^2$$
$$\qquad + (2ac u_0 + (ad + bc) u_1 + 2bd u_2) x_1 x_2$$
$$\qquad + (c^2 u_0 + cd u_1 + d^2 u_2) x_2^2$$

となる. いま, この右辺を $v_0 x_1^2 + v_1 x_1 x_2 + v_2 x_2^2$ とおけば

$$\begin{pmatrix} v_0 \\ v_1 \\ v_2 \end{pmatrix} = \begin{pmatrix} a^2 & ab & b^2 \\ 2ac & ad+bc & 2bd \\ c^2 & cd & d^2 \end{pmatrix} \begin{pmatrix} u_0 \\ u_1 \\ u_2 \end{pmatrix}$$

となる.すなわち,二次形式 F とベクトル (u_0, u_1, u_2) を同一視し,それによって,$\mathbb{V}_2$ と $\mathbb{C}^3$ を同一視すると

$$\rho(A) = \begin{pmatrix} a^2 & ab & b^2 \\ 2ac & ad+bc & 2bd \\ c^2 & cd & d^2 \end{pmatrix}$$

となる.この行列の行列式は,計算すると

$$\det \rho(A) = (\det A)^3$$

となる.ρ の核 $\mathrm{Ker}(\rho)$ を求めてみよう.$\rho(A)$ を単位行列とすると

$$\begin{pmatrix} a^2 & ab & b^2 \\ 2ac & ad+bc & 2bd \\ c^2 & cd & d^2 \end{pmatrix} = \begin{pmatrix} 1 & 0 & 0 \\ 0 & 1 & 0 \\ 0 & 0 & 1 \end{pmatrix}.$$

これより,$b=c=0, a^2=ad=d^2=1, a=d$ となり,

$$\mathrm{Ker}(\rho) = \{E, -E\} \quad \left(E = \begin{pmatrix} 1 & 0 \\ 0 & 1 \end{pmatrix} \right)$$

となる.
同様に (17) の A の3次形式に対する $\rho(A)$ を計算すると,それは4次行列として

$$\rho(A) = \begin{pmatrix} a^3 & a^2b & ab^2 & b^3 \\ 3a^2c & a^2d+2abc & 2abd+b^2c & 3b^2d \\ 3ac^2 & 2acd+bc^2 & ad^2+2bcd & 3bd^2 \\ c^3 & c^2d & cd^2 & d^3 \end{pmatrix}$$

となる.そして,(A を共役な $A' = BAB^{-1} = \begin{pmatrix} a' & b' \\ 0 & d' \end{pmatrix}$ に取り換えて計算することにより)

$$\det \rho(A) = (\det A)^6$$

となる.また

$$\mathrm{Ker}(\rho) = \{E, \omega E, \omega^2 E\} \quad \left(\omega = \frac{-1+\sqrt{3}i}{2} \right)$$

となる.
同様に,(17) の A の,4次形式に対する $\rho(A)$ を求めると,それは5次行列として

$$\rho(A) = \begin{pmatrix} a^4 & a^3b & a^2b^2 & ab^3 & b^4 \\ 4a^3c & a^3d+3a^2bc & 2a^2bd+2ab^2c & 3ab^2d+b^3c & 4b^3d \\ 6a^2c^2 & 3a^2cd+3abc^2 & a^2d^2+4abcd+b^2c^2 & 3abd^2+3b^2cd & 6b^2d^2 \\ 4ac^3 & 3ac^2d+bc^3 & 2acd^2+2bc^2d & ad^3+3bcd^2 & 4bd^3 \\ c^4 & c^3d & c^2d^2 & cd^3 & d^4 \end{pmatrix}$$

となる.そして,この場合は

$$\det \rho(A) = (\det A)^{10}$$

となる.また

$$\mathrm{Ker}(\rho) = \{E, iE, -E, -iE\}$$

となる.

これらのことから,次の命題が成り立つと推測される.(この命題の証明は読者に委ねる):

命題 6.2 $\rho: GL(2, \mathbb{C}) \longrightarrow GL(\mathbb{V}_n)$ を (16) で定義される $GL(2, \mathbb{C})$ の表現とすると,次の (i), (ii) が成り立つ:
(i) (17) の A の $\rho(A)$ は,$(n+1)$ 次正方行列として,
$\det \rho(A) = (\det A)^{n(n+1)/2}$ をみたす.
(ii) $\mathrm{Ker}(\rho) = \{E, \zeta E, \cdots, \zeta^{n-1} E\}$
$(\zeta = \cos(2\pi/n) + i\sin(2\pi/n))$.

しかしながら,私達の現在の話に必要なのは,(次小節で説明するように) 表現 ρ でなく,次で定義する,もうひとつの表現 $\hat{\rho}: GL(2, \mathbb{C}) \longrightarrow GL(\mathbb{V}n)$ である:

$$\hat{\rho}(A) := \rho({}^t A^{-1})$$
$({}^t A^{-1} := ({}^t A)^{-1} = {}^t(A^{-1}), {}^t A は A の転置行列)$ \hfill (18)

これが表現になるのは,(17) の A に対し

$$A \longmapsto {}^t A^{-1} = \frac{1}{\det A} \begin{pmatrix} d & -c \\ -b & a \end{pmatrix}$$

が $GL(2, \mathbb{C})$ の自己同型写像であることから,わかる.
この表現に対し,命題 6.2 と同様の命題が成り立つ:

命題 6.3
(i) (17) の A の $\hat{\rho}(A)$ は,$(n+1)$ 次正方行列として,$\det \hat{\rho}(A) = (\det A)^{-n(n+1)/2}$ をみたす.
(ii) $\mathrm{Ker}(\hat{\rho}) = \{E, \zeta E, \cdots, \zeta^{n-1} E\}$.

さて，次に H を $GL(2,\mathbb{C})$ の部分群とする．(16)
(または (18)) の表現 ρ (または $\hat{\rho}$) を H に制限した写像

$$\rho : H \longrightarrow GL(\mathbb{V}_n)$$
$$(\text{または } \hat{\rho} : H \longrightarrow GL(\mathbb{V}_n)) \qquad (19)$$

は，群 H の表現になる．(記号を濫用して，同じ $\rho, \hat{\rho}$ を用いる．) 命題 6.2, 6.3 より，次が成り立つ：

$$\text{Ker}(\rho) = \text{Ker}(\hat{\rho}) = \{E, \zeta E, \cdots, \zeta^{n-1}E\} \cap H \qquad (20)$$

定義 6.4

H を $GL(2,\mathbb{C})$ の部分群とする．

(ⅰ) n 次形式 $F(x_1, x_2)$ が，ρ (または $\hat{\rho}$) に関する H の**不変式**であるとは，H の任意の元 A に対し
$$\rho(A)F = F \quad (\text{または } \hat{\rho}(A)F = F)$$
となることである．

(ⅱ) n 次形式 $F(x_1, x_2)$ が，ρ (または $\hat{\rho}$) に関する H の**相対不変式**であるとは，H の任意の元 A に対し
$$\rho(A)F = c(A)F \quad (\text{または } \hat{\rho}(A)F = \hat{c}(A)F)$$
となる，0 でない複素数 $c(A)$ (または $\hat{c}(A)$) が存在することである．

注意 (ⅱ) の写像 $c : H \longrightarrow \mathbb{C}^*, A \mapsto c(A)$ (または，写像 $\hat{c}$) は，H の表現，一次表現，になる．　　　　　　　　　　　　注意終

6.4 正多面体群の（相対）不変式

さて，$\tilde{G}$ を (1) の群のどれかとする．(7) の準同型写像 Φ による $\tilde{G}$ の逆像 $\Phi^{-1}(\tilde{G})$ は，$\tilde{G}$ の位数の 2 倍の位数を持ち，$\{E, -E\}$ を正規部分群に持ち

$$\Phi^{-1}(\tilde{G})/\{E, -E\} \cong \tilde{G}$$

となっている．

$\Phi^{-1}(\tilde{G})$ は $SU(2)$ の，したがって，$GL(2,\mathbb{C})$ の部分群である．(19) で，$H = \Phi^{-1}(\tilde{G})$ とおいて，$\Phi^{-1}(\tilde{G})$ の表現 $\rho, \hat{\rho}$ を考えよう．

$\varphi \in \tilde{G}$ に対して，$\Phi^{-1}(\varphi) = \{A, -A\}$ とおく．6.1 小節における $F_j^\varphi(X)$ の定義を見ると，この多項式の斉次化は $\rho(A) F_j(x_1, x_2)$ でなく，$\rho({}^tA) F_j(x_1, x_2)$ である．

$$\rho({}^tA) = \rho({}^t(A^{-1})^{-1}) = \hat{\rho}(A^{-1})$$

なので，「$F_j^\varphi(X)$ の斉次化は，$\hat{\rho}(A^{-1}) F_j(x_1, x_2)$ である」とわかる．

それゆえ，前回の議論により，次の命題がえられる．

命題 6.5

$F_j(X)$ $(j = 1, 2, 3)$ を斉次化した形式 $F_j(x_1, x_2)$ は，$\hat{\rho}$ に関する $\Phi^{-1}(\tilde{G})$ の相対不変式である．とくに $\tilde{G} = \tilde{G}(\mathbb{P}_{20}^{(0)})$ のときは $\hat{\rho}$ に関する $\Phi^{-1}(\tilde{G}(\mathbb{P}_{20}^{(0)}))$ の不変式である．

注意 $\Phi^{-1}(\tilde{G})$ が有限群なので，相対不変式を何乗かすると，不変式になる．たとえば $\Phi^{-1}(\tilde{G}(\mathbb{P}_4^{(0)}))$ の相対不変式 $F_2(x_1, x_2)$ と $F_3(x_1, x_2)$ は共に，3 乗すれば，不変式になる．

　　　　　　　　　　　　注意終

さて，この命題において，「形式 $F_j(x_1, x_2)$ は，$\hat{\rho}$ に関する $\Phi^{-1}(\tilde{G})$ の相対不変式である．」と言う主張の部分を「形式 $F_j(x_1, x_2)$ は，$\hat{\rho}$ に関する $\tilde{G}$ の相対不変式とみなすことが出来る．」と言う主張に換えたい．そう主張出来るには何を示せばよいか——と言う問題を考えてみよう．

この言い換えが出来るのは，「表現 $\hat{\rho} : \Phi^{-1}(\tilde{G}) \to GL(\mathbb{V}_n)$ $(n = d_j)$ が，$\tilde{G}$ の表現とみなしうるとき，そのときのみである．」この条件は，さらに「任意の $\varphi \in \tilde{G}$ に対し，

$\varPhi^{-1}(\varphi)=\{A,-A\}$ の二つの行列 $A,-A$ が $\hat{\rho}(A)=\hat{\rho}(-A)$ をみたすことである.」と言い換えられる. しかるに,
$$\hat{\rho}(-A)=\hat{\rho}((-E)A)=\hat{\rho}(-E)\hat{\rho}(A)$$
なので, この条件は, さらに簡単な条件「$-E\in\mathrm{Ker}(\hat{\rho})$」で言い換えられる.

この最後の条件について考えてみよう. (20) より
$$\mathrm{Ker}(\hat{\rho})=\{E,\zeta E,\cdots,\zeta^{n-1}E\}\cap\varPhi^{-1}(\tilde{G})$$
($n=d_j$) である. $-E$ は $\varPhi^{-1}(\tilde{G})$ には含まれるが, $\{E,\zeta E,\cdots,\zeta^{n-1}E\}$ に含まれるのは, $n=d_j$ が偶数のときで, $n=d_j$ が奇数のときは含まれない. かくて, 答は

「形式 $F_j(x_1,x_2)$ は, $\hat{\rho}$ に関する $\tilde{G}$ の相対不変式とみなすことが出来る.」 $\iff$ 「d_j が偶数である.」となる.

$\tilde{G}$ が正多面体群 $\tilde{G}(\mathbb{P}_f^{(0)}),\tilde{G}(\mathbb{P}_4^{(0)}),\tilde{G}(\mathbb{P}_{20}^{(0)})$ のときは, d_j は全て偶数になっている. それゆえ

「$F_j(x_1,x_2)$ は, 正多面体群の相対不変式とみなされる.」

しかし, $\tilde{G}=\tilde{G}(\Delta_n^{(0)})$ (二面体群) で, n **が奇数** のときは, この条件がみたされず,
$$F_1(x_1,x_2)=x_1^n+x_2^n, F_2(x_1,x_2)=x_1^n-x_2^n$$
($d_1=d_2=n$) は, $\tilde{G}(\Delta_n^{(0)})$ の相対不変式とみなすことは出来ない. (しかし, これらの二乗は, $\tilde{G}(\Delta_n^{(0)})$ の不変式とみなすことが出来る.)

注意 したがって, n が奇数のとき, $\varphi\in\tilde{G}(\Delta_n^{(0)})$ を肩に付けた多項式 $F_j^\varphi(X)$ ($j=1,2$) も, well-defined でなくなる. それゆえ, 前回書いたことは, この箇所で, 修正を要する. **注意終**

6.5　$\tilde{G}=\tilde{G}(\mathbb{P}_{20}^{(0)})$ の $F_1(x_1,x_2)$ と $F_2(x_1,x_2)$ について

$\tilde{G}=\tilde{G}(\mathbb{P}_{20}^{(0)})$ の $F_1(X)$ と $F_2(X)$ の展開式 ((5) 参照) を直接計算で求めるのは, 容易でない. (筆者には, 出来ませんでした.) クライン [1] では, これらの斉次化である, 形式 $F_1(x_1,x_2), F_2(x_1,x_2)$ ((15) 参照) を, 当時盛んに研究されていた, 不変式論を用いて求めている: いま, 一般に, 形式 F に対し, F の**ヘシアン**(Hessian) とよばれる, F の第2次偏導関数を成分とする行列式
$$H(F):=\begin{vmatrix} \dfrac{\partial^2 F}{\partial x_1^2} & \dfrac{\partial^2 F}{\partial x_1\partial x_2} \\ \dfrac{\partial^2 F}{\partial x_1\partial x_2} & \dfrac{\partial^2 F}{\partial x_2^2} \end{vmatrix}$$
を考える. もし F が $\hat{\rho}$ に関する群 $H(\subset GL(2,\mathbb{C}))$ の (相対) 不変式ならば, $H(F)$ も (相対) 不変式になる. これを用いると, 次の等式が成り立つ:
$$F_2(x_1,x_2)=\frac{1}{-121}H(F_3),$$
$$F_1(x_1,x_2)=\frac{1}{-20}\begin{vmatrix} \dfrac{\partial F_3}{\partial x_1} & \dfrac{\partial F_3}{\partial x_2} \\ \dfrac{\partial F_2}{\partial x_1} & \dfrac{\partial F_2}{\partial x_2} \end{vmatrix}$$

クライン [1] は, これらの右辺を計算することにより, $F_2(x_1,x_2), F_1(x_1,x_2)$ を求めている. ($F_2(X), F_1(X)$ は, $x_2=1, x_1=X$ とすればえられる.)

注意 クライン [1] では, 北極 $N=(0,0,1)$ 中心の極射影 $\varLambda^*:\mathbb{S}^2\to\hat{\mathbb{C}}$ を用いているので, (15) の $F_j(x_1,x_2)$ がクライン [1] のそれらと少し違うものになるのでは――との懸念を読者が持つかも知れないが, 実は全く同じものである. その理由は, 私達の $\mathbb{P}_{20}^{(0)}$ に用いた座標軸が, クライン [1] のそれを, $\mathbf{e}_3$ を軸に π-回転したものだからである (第4回, 図4-3参照). **注意終**

参考文献

[1] F. クライン (関口次郎, 前田博信訳):正20面体と5次方程式 (改訂新版), シュプリンガーフェアラーク東京, 2005

[2] 藤原松三郎:代数学, 第二巻 (改訂新編), 内田老鶴圃, 2017

（なんば　まこと／大阪大学名誉教授）

高次冪剰余相互法則の探究
——クンマーの数論——

素因子分解の一意性を問う

高瀬 正仁

第10回

Ernst Eduard Kummer (1810-1893)

$23m+1$ 型の素数との遭遇

λ は奇素数として，1 の λ 乗根で作られる複素数をクンマーは考察した．そのような複素数のノルムは λ で割り切れることはありうるが，そうでなければつねに「λ で割ると 1 が余る」こと，言い換えると m を不定整数として $m\lambda+1$ という形である．逆に，$m\lambda+1$ という形の素数は，1 の λ 乗根で作られる何らかの複素数のノルムでありうるだろうか．複素素因子の探究に先立って，クンマーが直面したのはこの問いであった．当初はあたりまえのことのように受け入れていた様子も見られるが，まもなく必ずしも正しいとは言えないことを確信するようになり，大量の計算を実行して点検した．これを否定する実例は $\lambda=23$ の場合に出現する．

クンマーは 5 から 23 にいたる 7 個の素数 $\lambda=5, 7, 11, 13, 17, 19, 23$ を取り上げて，各々の λ に対して $m\lambda+1$ という形の素数を 1000 にいたるまで書き並べ，それらの素数が 1 の λ 乗根で作られる何らかの複素数のノルムでありうるか否かを検討した．クンマーが挙げた諸例は前回[※1]紹介したとおりである．23 の手前の 6 個の素数 $\lambda=5, 7, 11, 13, 17, 19$ に対しては問題は起こらない．クンマーは 115 個の素数について，それらをある複素数のノルムとして表示した．$\lambda=23$ の場合，1000 までの数の中に $23m+1$ という形の素数は 8 個存在する．それらは

$$599, 691, 829$$
$$47, 139, 277, 461, 967$$

である．これらのうち，$599, 691, 829$ の三つ

の素数はある複素数のノルムとして表示されるが，残る 5 個の数 $47, 139, 277, 461, 967$ についてはそのような形の表示はありえない．限定条件 $4p=a^2+17b^2$ が満たされないことがその理由である．この事実は個別に点検すれば確認される．たとえば 47 を取り上げて方程式 $4\times47=a^2+23b^2$ を書いてみると，$a^2\equiv 4\times47\,(\mathrm{mod}.23)$．これより $a^2\equiv 4\,(\mathrm{mod}.23)$．他方，$23b^2=4\times47-a^2>0$ より $|a|<2\times\sqrt{47}=2\times6.855\cdots<14$．$a=\pm2$ だけがこれらの要請に応じうるが，そのとき $23b^2=4\times47-4=4\times46$．それゆえ $b^2=8$ となるが，これを満たす整数 b は存在しない．他の 4 個の数 $139, 277, 461, 967$ についても同様に確認される．

このためこれらの 5 個の数はある複素数のノルムではありえないが，クンマーはそれぞれの数の複素因子を次のように書き留めている．

47 の因子 $\alpha^{10}+\alpha^{13}+\alpha^8+\alpha^7+\alpha^{16}$
139 の因子 $\alpha^{10}+\alpha^{13}+\alpha^8+\alpha^{15}+\alpha^{19}$
277 の因子 $2+\alpha+\alpha^{22}+\alpha^7+\alpha^{16}$
461 の因子 $\alpha+\alpha^{22}+\alpha^{10}+\alpha^{13}+\alpha^8+\alpha^{15}+\alpha^9+\alpha^{14}$
967 の因子 $2+\alpha^{14}+\alpha^{12}+\alpha^4+\alpha^{19}$

クンマーの計算を顧みて（1）
$\lambda=5, p=11$ の場合

クンマーの計算を振り返って，たとえば $\lambda=5$ を採り，$5m+1$ 型の素数 $p=11$ を 1 の 5 乗根 $\alpha(\neq1)$ で作られる複素数 $f(\alpha)$ のノルムとして $p=Nf(\alpha)$ という形に表示してみよう．クンマーはそのような $f(\alpha)$ を見つけるための二通りの方法を提示した．ひとつの方法は，

[※1]「高次冪剰余相互法則の探究」第9回参照．『現代数学』，2025年8月号．

> **定理**
> 複素数 $\psi(\alpha)=a+a_1\alpha+a_2\alpha^2+\cdots+a_{\lambda-1}\alpha^{\lambda-1}$ のノルムが p で割り切れるなら，合同式 $1+\xi+\xi^2+\cdots+\xi^{\lambda-1}\equiv 0\,(\mathrm{mod}.p)$ のある根 ξ を見つけて，数 $\psi(\xi)=a+a_1\xi+a_2\xi^2+\cdots+a_{\lambda-1}\xi^{\lambda-1}$ が p で割り切れるようにすることができる．[※2]

という定理に基づいている．

まず合同式
$$1+\xi+\xi^2+\xi^3+\xi^4\equiv 0\,(\mathrm{mod}.11)$$
の根，すなわち合同式 $\xi^5\equiv 1\,(\mathrm{mod}.11)$ の $\xi\equiv 1\,(\mathrm{mod}.11)$ 以外の4個の根を求めると，
$$\xi\equiv 9\,(\mathrm{mod}.11),$$
$$\xi^2\equiv 4\,(\mathrm{mod}.11),$$
$$\xi^3\equiv 3\,(\mathrm{mod}.11),$$
$$\xi^4\equiv 5\,(\mathrm{mod}.11)$$
が得られる[※3]．これらの根を用いて5個の不定数 a,a_1,a_2,a_3,a_4 に関する1次合同式
$$a+9a_1+4a_2+3a_3+5a_4\equiv 0\,(\mathrm{mod}.11)$$
を立てると，たとえば解 $a=2,a_1=1,a_2=a_3=a_4=0$ が見つかる．この解に対応して複素数
$$\psi(\alpha)=2+\alpha$$
を作ると，そのノルムは11で割り切れることを上記の「定理」は教えている．実際にノルムを計算すると，$\alpha^5=1,\ \alpha+\alpha^2+\alpha^3+\alpha^4=-1$ に留意して，
$$N(2+\alpha)=(2+\alpha)(2+\alpha^4)\times(2+\alpha^2)(2+\alpha^3)$$
$$=(1+2(\alpha+\alpha^4)+4)(1+2(\alpha^2+\alpha^3)+4)$$
$$=(5+2(\alpha+\alpha^4))(5+2(\alpha^2+\alpha^3))$$
$$=25+10(\alpha+\alpha^2+\alpha^3+\alpha^4)+4(\alpha^3+\alpha^4+\alpha+\alpha^2)$$
$$=25-10-4=11$$
と算出される．これで $N(1+2\alpha)$ は11で割り切れるばかりではなく11に一致することが明らかになった．

「定理」が教えているのは $N(2+\alpha)$ が11で割り切れるということのみであり，実際に $N(2+\alpha)=11$ となるか否かは計算してみないとわからない．たとえば，$a=1,a_1=0,a_2=-3,a_3=a_4=0$ も合同式 $a+9a_1+4a_2+3a_3+5a_4\equiv 0\,(\mathrm{mod}.11)$ の解だが，対応する複素数 $1-3\alpha^2$ のノルムを求めると，
$$N(1-3\alpha^2)=N(1-3\alpha)$$
$$=(1-3\alpha)(1-3\alpha^4)\times(1-3\alpha^2)(1-3\alpha^3)$$
$$=(1-3(\alpha+\alpha^4)+9)(1-3(\alpha^2+\alpha^3)+9)$$
$$=(10-3(\alpha+\alpha^4))(10-3(\alpha^2+\alpha^3))$$
$$=100-30(\alpha+\alpha^2+\alpha^3+\alpha^4)+9(\alpha^3+\alpha^4+\alpha+\alpha^2)$$
$$=100+30-9=121=11^2$$
と計算が進み，$121=11^2$ という数値に到達する．それゆえ，$N(1-3\alpha^2)$ は11で割り切れるが，11ではない．

クンマーの計算を顧みて（2）
$\lambda=5,p=41$ の場合

合同式
$$\xi^5\equiv 1\,(\mathrm{mod}.41)$$
の根を求めるために素数41の原始根 $g=6$ を用いて計算を進めると，4個の根
$$\xi\equiv 10\,(\mathrm{mod}.41),$$
$$\xi^2\equiv 18\,(\mathrm{mod}.41),$$
$$\xi^3\equiv 16\,(\mathrm{mod}.41),$$
$$\xi^4\equiv 37\,(\mathrm{mod}.41)$$
が見出だされる．これらを用いて1次合同式
$$a+10a_1+18a_2+16a_3+37a_4\equiv 0\,(\mathrm{mod}.41)$$
を設定すると，解としてたとえば $a=3,a_1=2,a_2=1,a_3=a_4=0$ が見つかる．この解を用いて複素数
$$\psi(\alpha)=3+2\alpha+\alpha^2$$
を作ると，そのノルムは41で割り切れる．実際にノルムを求めると，
$$N(3+2\alpha+\alpha^2)=(3+2\alpha+\alpha^2)(3+2\alpha^4+\alpha^8)$$
$$\times(3+2\alpha^2+\alpha^4)(3+2\alpha^3+\alpha^6)$$
$$=(3+2\alpha+\alpha^2)(3+2\alpha^4+\alpha^3)$$

[※2]「高次冪剰余相互法則の探究」第9回参照．『現代数学』，2025年8月号．

[※3] 素数11の原始根 $g=2$ を用いると簡便に求められる．「高次冪剰余相互法則の探究」，第8回（『現代数学』，2025年7月号）では，素数29の原始根 $g=2$ を用いて合同式 $\xi^7\equiv 1\,(\mathrm{mod}.29)$ の根を求めた．

$$\times (3+2\alpha^2+\alpha^4)(3+2\alpha^3+\alpha)$$
$$= (14+8(\alpha+\alpha^4)+3(\alpha^2+\alpha^3))$$
$$\qquad \times (14+3(\alpha+\alpha^4)+8(\alpha^2+\alpha^3))$$
$$= (14+8a+3b)(14+3a+8b).$$

ここで,
$$a = \alpha + \alpha^4, \quad b = \alpha^2 + \alpha^3$$

と置いた.このとき,
$$a+b = 1,$$
$$ab = \alpha^3 + \alpha^4 + \alpha^6 + \alpha^7 = \alpha^3 + \alpha^4 + \alpha + \alpha^2 = -1,$$
$$a^2+b^2 = (a+b)^2 - 2ab = 3.$$

ノルムの計算を続けると,
$$N(3+2\alpha+\alpha^2) = 196 + 14$$
$$\qquad \times (11a+11b) + (8a+3b)(3a+8b)$$
$$= 196 - 154 + 24(a^2+b^2) + 73ab$$
$$= 42 + 24 \times 3 - 73 = 41.$$

これで $3+2\alpha+\alpha^2$ のノルムは 41 になることが確められた.

クンマーの計算を顧みて(3)
$\lambda = 5, p = 461$ の場合

適宜計算を省略しながらもう少し計算例をあげてみよう.$\lambda = 5, p = 461$ として合同式
$$\xi^5 \equiv 1 \pmod{461}$$
の根を求めると,4 個の根
$$\xi \equiv 351 \pmod{461},$$
$$\xi^2 \equiv 114 \pmod{461},$$
$$\xi^3 \equiv 368 \pmod{461},$$
$$\xi^4 \equiv 88 \pmod{461}$$
が得られる.1 次合同式
$$a + 351a_1 + 114a_2 + 368a_3 + 88a_4 \equiv 0 \pmod{461}$$
の解を求めると,たとえば $a=4, a_1=-1, a_2=-1, a_3=a_4=0$ が見つかる.そこで複素数
$$\psi(\alpha) = 4 - \alpha - \alpha^2$$
を作ると,そのノルムは 461 になる.この計算は次のように進行する.
$$N(\psi(\alpha) = 4-\alpha-\alpha^2) = (4-\alpha-\alpha^2)(4-\alpha^4-\alpha^8)$$
$$\times (4-\alpha^2-\alpha^4)(4-\alpha^3-\alpha^6)$$
$$= (4-\alpha-\alpha^2)(4-\alpha^4-\alpha^3)$$
$$\times (4-\alpha^2-\alpha^4)(4-\alpha^3-\alpha)$$
$$= (16-4(\alpha+\alpha^2+\alpha^4+\alpha^3)+(\alpha+\alpha^2)(\alpha^4+\alpha^3))$$
$$\times (16-4(\alpha^2+\alpha^4+\alpha^3+\alpha)+(\alpha^2+\alpha^4)(\alpha^3+\alpha))$$
$$= (16+4+(1+\alpha^4+\alpha+1))(16+4+(1+\alpha^3+\alpha^2+1))$$
$$= (22+\alpha+\alpha^4)(22+\alpha^2+\alpha^3)$$
$$= 484 + 22(\alpha+\alpha^4+\alpha^2+\alpha^3) + (\alpha^3+\alpha^4+\alpha+\alpha^2)$$
$$= 484 - 22 - 1 = 461.$$

上記の 1 次合同式のもうひとつの解 $a=5, a_1=0, a_2=4, a_3=a_4=0$ も見つかる.これに対応して複素数
$$\psi(\alpha) = 5 + 4\alpha^2$$
を作ると,そのノルムは $5+4\alpha$ のノルムと同じで次のように算出される.
$$N(5+4\alpha) = (5+4\alpha)(5+4\alpha^4) \times (5+4\alpha^2)(5+4\alpha^3)$$
$$= (41+20(\alpha+\alpha^4))(41+20(\alpha^2+\alpha^3))$$
$$= 1681 + 820(\alpha+\alpha^4+\alpha^2+\alpha^3) + 400(\alpha^3+\alpha^4+\alpha^6+\alpha^7)$$
$$= 1681 - 820 + 400(\alpha^3+\alpha^4+\alpha+\alpha^2)$$
$$= 1681 - 820 - 400 = 461.$$

したがって $5+4\alpha$ のノルムもまた 461 である.クンマーが掲示した表に記載されている複素数は $\psi(\alpha) = 4-\alpha-\alpha^2$ のみであり,$5+4\alpha$ の姿は見られない.1 次合同式 $a+351a_1+114a_2+368a_3+88a_4 \equiv 0 \pmod{461}$ の解は無数であり,各々の解に応じて複素数を作ると,そのノルムはつねに 461 で割り切れる.それらのノルムの中からきっかり 461 に等しいものに目を留めて,そのノルムをもたらす複素数を書き留めていく.この作業を丹念に実行すれば,$\lambda = 5, 7, 11, 13, 17, 19$ に対してクンマーが挙げた 115 個の数表が作成できそうである.クンマーの探索はここまではとどこおりなく進展したが,$\lambda = 23$ にいたってこの状況は崩壊した.$23m+1$ という形の素数の中に,1 の 23 乗根で作られる複素数のノルムではありえない 5 個の数 47, 139, 277, 461, 967 が見つかったのである.

素因子分解の一意性を問う

$\lambda = 23$ の場合に起る著しい現象を観察することにより,複素数域では必ずしも素因子分解の一意性が成立しないことが確認される.著しい現象というのは,$m\lambda+1$ という形の実素数は必ずしも $\lambda-1$ 個の複素因子の積として表されるわけではないという事実である.

実整数に対してはつねに素因数分解の可能性と

その一意性が確保されるが，複素整数には実整数に備わっているこの簡明な性質が欠如しているとクンマーは指摘した．一般に複素整数の世界では，同一の合成数が幾通りもの仕方でいくつかの単純因子の積に分解するということが起こりうる．これを言い換えると，ある複素整数が他の複素整数で割り切れて，その商もまた複素整数になるとするとき，除数（割る数）の単純因子は被除数（割られる数）の単純因子といたるところで相殺されるわけではない．クンマーはこれを確認するために，合同式

$$1+\xi+\xi^2+\cdots+\xi^{\lambda-1}\equiv 0\,(\text{mod}.p)$$

の根 ξ を考察した．この合同式を

$$(\xi-\alpha)(\xi-\alpha^2)\cdots(\xi-\alpha^{\lambda-1})\equiv 0\,(\text{mod}.p)$$

と分解すると，左辺の積 $(\xi-\alpha)(\xi-\alpha^2)\cdots(\xi-\alpha^{\lambda-1})$ は p で割り切れる．p が除数，左辺の積が被除数である．ここでもし除数 p の因子が被除数の因子と正確に対応して相互に取り除かれるのであれば，p は因子 $\xi-\alpha, \xi-\alpha^2, \cdots$ のうちのどれかと因子を共有するほかはなく，その結果，p はどの因子とも共通因子をもつことになる．

一例を挙げると，$\lambda=5, \alpha^5=1$ に対して $p=11$ は $2+\alpha$ のノルムであり，

$$11=N(2+\alpha)$$
$$=(2+\alpha)(2+\alpha^2)(2+\alpha^3)(2+\alpha^4)$$

と表示される．合同式

$$1+\xi+\xi^2+\xi^3+\xi^4\equiv 0\,(\text{mod}.11)$$

は

$$(\xi-\alpha)(\xi-\alpha^2)(\xi-\alpha^3)(\xi-\alpha^4)\equiv 0\,(\text{mod}.11)$$

と表示され，その4個の根は

$$\xi\equiv 9\,(\text{mod}.11)$$
$$\xi^2\equiv 4\,(\text{mod}.11)$$
$$\xi^3\equiv 3\,(\text{mod}.11)$$
$$\xi^4\equiv 5\,(\text{mod}.11)$$

である．根 $\xi\equiv 9$ を採用すると，積 $(9-\alpha) \times (9-\alpha^2)(9-\alpha^3)(9-\alpha^4)$ は11で割り切れる．この積の因子 $9-\alpha$ は，$9-\alpha=11-(2+\alpha)$ により，11の因子 $2+\alpha$ で割り切れる．それゆえ，他の3個の因子 $9-\alpha^2, 9-\alpha^3, 9-\alpha^4$ はそれぞれ11の因子 $2+\alpha^2, 2+\alpha^3, 2+\alpha^4$ で割り切れる．

また，上記の合同式の根 $\xi=4$ を採ると，積 $(4-\alpha)(4-\alpha^2)(4-\alpha^3)(4-\alpha^4)$ の因子 $4-\alpha^2$ は $2+\alpha$ で割り切れる．それゆえ，他の3個の因子 $4-\alpha^4, 4-\alpha^6=4-\alpha, 4-\alpha^8=4-\alpha^3$ はそれぞれ $2+\alpha^2, 2+\alpha^3, 2+\alpha^4$ で割り切れる．

あるいはまた合同式の根 $\xi=3$ を採ると，積 $(3-\alpha)(3-\alpha^2)(3-\alpha^3)(3-\alpha^4)$ の因子 $3-\alpha^3$ は，

$$3-\alpha^3=11-(2+\alpha)(\alpha^2-2\alpha+4)$$

により $2+\alpha$ で割り切れる．それゆえ，他の3個の因子 $3-\alpha^6=3-\alpha, 3-\alpha^9=3-\alpha^4, 3-\alpha^{12}=3-\alpha^2$ はそれぞれ $2+\alpha^2, 2+\alpha^3, 2+\alpha^4$ で割り切れる．

最後に合同式の根 $\xi=5$ を取り上げてみよう．積

$$(5-\alpha)(5-\alpha^2)(5-\alpha^3)(5-\alpha^4)$$

の因子

$$5-\alpha^4=-11+(2+\alpha)(2-\alpha)(4+\alpha^2)$$

は $2+\alpha$ で割り切れる．それゆえ，他の3個の因子 $5-\alpha^8=5-\alpha^3, 5-\alpha^{12}=5-\alpha^2, 5-\alpha^{16}=5-\alpha$ はそれぞれ $2+\alpha^2, 2+\alpha^3, 2+\alpha^4$ で割り切れる．こうして合同式 $1+\xi+\xi^2+\xi^3+\xi^4\equiv 0\,(\text{mod}.11)$ のどの根 ξ に対しても，積 $(\xi-\alpha)(\xi-\alpha^2) \times (\xi-\alpha^3)(\xi-\alpha^4)$ の各々の因子は $N(2+\alpha)=(2+\alpha)(2+\alpha^2)(2+\alpha^3)(2+\alpha^4)$ の4個の素因子 $2+\alpha, 2+\alpha^2, 2+\alpha^3, 2+\alpha^4$ のひとつで割り切れる．除数 $p=11$ の4個の単純因子が被除数 $(\xi-\alpha)(\xi-\alpha^2)(\xi-\alpha^3)(\xi-\alpha^4)$ の単純因子により相殺されて割り算が行われるのである．

そこで今，一般に除数 p と被除数 $(\xi-\alpha) \times (\xi-\alpha^2)(\xi-\alpha^3)(\xi-\alpha^4)$ に対してこのような状勢が認められるとして，$f(\alpha)$ は p と $\xi-\alpha$ の共通因子とすると，$f(\alpha^2)$ は p と $\xi-\alpha^2$ の共通因子であり，$f(\alpha^3)$ は p と $\xi-\alpha^3$ の共通因子である．ここから先も同様で，最後に $f(\alpha^{\lambda-1})$ は p と $\xi-\alpha^{\lambda-1}$ の共通因子である．それゆえ，共役な複素整数 $f(\alpha), f(\alpha^2), \cdots, f(\alpha^{\lambda-1})$ はみな p の因子であり，しかもこれらの因子はみな相互に異なっている[※4]．ただし，ノルムが1もしくは λ

[※4]「高次冪剰余相互法則の探究」，第8回参照．『現代数学』，2025年7月号．

であるもの，すなわち $\alpha-\alpha^2, \alpha-\alpha^3, \cdots$ は除外する．これより明らかになるように，任意の素数 $p=m\lambda+1$ は $\lambda-1$ 個の共役な複素因子の積になることが帰結する．ところが，$\lambda=23$ の場合に見たように，このようなことは数 p と λ のすべての値に対して成立するわけではないのであるから，これはありえない事態である．除数と被除数がそれぞれ素因子に分解されて，除数の素因子がみな被除数の素因子の中に現れていて相殺され，その結果として商が整数になるという現象は必ずしも見られないことがこうして確認された．

クンマーはこんなふうに話を進め，それから「ブレスラウの計画」を表明した．本稿第7回で紹介したが，原文を再掲すると次のとおり[※5]．

> Maxime dolen dum videtur, quod haec numerorum realium virtus, ut in factores primos dissolvi possint, qui pro eodem numero semper iidem sint, non eadem est numerorum complexorum, quae si esset tota haec doctrina, quae magnis adhuc difficultatibus laborat, facile absolvi et ad finem perduci posset.

実整数には素因子に分解されるという性質が備わっていて，しかもそれらの素因子は同じ数に対してはつねに同じである．このような実整数の性質は複素整数には見られないのはあまりにも嘆かわしい事態だが，もしこの性質が複素整数にも備わっていたなら，この理論の全体は，依然として大きな困難に悩まされているとはいうものの，やすやすと完成の域に高められて目的地に到達する道が開かれることであろう．「ブレスラウの宣言」はこの時期のクンマーの心情をこのように語っている．

同じ数がつねに同じ素因子に分解されるというのは，素因子分解に一意性が認められるということにほかならない．クンマーの言葉が続く．この性質が見られない以上，ここで考察している複素数は何かしら不完全なものなのではないかという印象がぬぐえない．別の種類の複素数よりも優位な性質が備わっている可能性がないとは言えないが，もしかしたら素因子分解の一意性という基本

的な性質を実整数と共有する他の種類の複素数を探索するべきなのかもしれない．クンマーはこのように省察を重ね，そのうえで言葉をあらためて，1の冪根と実整数で作られるこれらの複素数は意のままに作られたのではなく，**数の理論それ自体から（ex ipsa doctrins numerorum）**生れたのであると宣言した．まさしくそれゆえに，円の分割の理論[※6]や高次冪剰余の理論においてさらに前進するためにはこれらの数が不可欠なのだというのがクンマーの所見である．クンマーの目は高次冪剰余の理論に注がれていたことが，ここにはっきりと明かされている．

理想素因子の第1の定義を振り返って

クンマーとともに理想素因子の第1の定義を再考したいと思う[※7]．p は $m\lambda+1$ という形の素数とし，しかもある複素数 $f(\alpha)$ のノルムとして

$$p = Nf(\alpha) = f(\alpha)f(\alpha^2)f(\alpha^3)\cdots f(\alpha^{\lambda-1})$$

という形に表示されるとする．$f(\alpha)$ は実在の複素数で，しかも p の素因子である．このとき合同式 $\xi^\lambda \equiv 0 \pmod{p}$ のある根 ξ に対し，合同式 $f(\xi) \equiv 0 \pmod{p}$ が成立する．そこで，ある複素数 $\Phi(\alpha)$ に p の素因子 $f(\alpha)$ が含まれているとするなら，そのとき必然的に合同式 $\Phi(\xi) \equiv 0 \pmod{p}$ が成立する．逆に合同式 $\Phi(\xi) \equiv 0 \pmod{p}$ が成立するとし，しかも p は $\lambda-1$ 個の複素素因子に分解されるとするなら，その時必然的に $\Phi(\alpha)$ は素因子 $f(\alpha)$ を含む．ここで，合同式 $\Phi(\xi) \equiv 0 \pmod{p}$ が成立するという性質は，p が $\lambda-1$ 個の素因子に分解するということはまったく無関係である．このような観察を踏まえて，クンマーは，

> $\Phi(\xi) \equiv 0 \pmod{p}$ であるとき，$\Phi(\alpha)$ は $\alpha = \xi$ に属する p の理想素因子を含む．

という定義を書いた．これが理想素因子の第1の定義である．こうして p の $\lambda-1$ 個の複素素因子

[※5] 「高次冪剰余相互法則の探究」第7回，参照．『現代数学』，2025年6月号．

[※6] 円周等分論．

[※7] 理想素因子の第1の定義は「高次冪剰余相互法則の探究」，第8回（『現代数学』，2025年7月号）において記述した．

の各々は1個の合同条件で置き換えられる．このことが示しているように，複素素因子は，それが実在の素因子であっても理想素因子であっても，いずれにしても複素数に対して同じ定まった性質を付与する力を備えているのである．

クンマーは理想素因子の第1の定義をこのように回想し，そのうえで言葉をあらためて，「**われわれは合同条件をここで与えられた様式で理想素因子の定義として用いることはない**」ときっぱりと宣言した．その理由として，ひとつにはある複素数に幾重にも重複して含まれる理想素因子を提示するのに，このような合同条件は十分ではないこと，またひとつには，$m\lambda+1$という形の実素数の理想素因子を与えることだけに限定されていることが挙げられた．このようなところに第1の定義の不備を見て，クンマーは第2の定義へと移っていった．

素数の法に関する数の冪指数

一例として素数$\lambda=19$をとり，19で割り切れることのない整数qが法19に対して所属する指数fを求めてみよう．qの冪$q, q^2, q^3, \cdots$を作るとき，fは「qのf次の冪q^fが法19に対してはじめて1と合同になる数」である．1から18までの18個の数について指数を定めれば十分である．

$$\left.\begin{array}{ll} 2^1 \equiv 2, & 2^{18} \equiv 1 \\ 2^2 \equiv 4, & 4^9 \equiv 1 \\ 2^3 \equiv 8, & 8^6 \equiv 1 \\ 2^4 \equiv 16, & 16^9 \equiv 1 \\ 2^5 \equiv 13, & 13^{18} \equiv 1 \\ 2^6 \equiv 7, & 7^3 \equiv 1 \\ 2^7 \equiv 14, & 14^{18} \equiv 1 \\ 2^8 \equiv 9, & 9^9 \equiv 1 \\ 2^9 \equiv 18, & 18^2 \equiv 1 \\ 2^{10} \equiv 17, & 17^9 \equiv 1 \\ 2^{11} \equiv 15, & 15^{18} \equiv 1 \\ 2^{12} \equiv 11, & 11^3 \equiv 1 \\ 2^{13} \equiv 3, & 3^{18} \equiv 1 \\ 2^{14} \equiv 6, & 6^9 \equiv 1 \\ 2^{15} \equiv 12, & 12^6 \equiv 1 \\ 2^{16} \equiv 5, & 5^9 \equiv 1 \\ 2^{17} \equiv 10, & 10^{18} \equiv 1 \end{array}\right\} \pmod{19}$$

19の原始根として，たとえば$g=2$を採用してgの冪を計算し，法19に関する正の最小剰余を算出すると1から18までの18個の数がそろう．そののちに最小剰余として現れる数の冪を作り，法19に関して1と合同になる最小の冪指数を求めると，それがその数の指数である．いくつかの事例を見ると，2は18次の冪を作ったときにはじめて1と合同になる．それゆえ，2の指数は18である．4は9次の冪を作ってはじめて1と合同になる．それゆえ，4の指数は9である．他の数についても同様にして指数が定められる（上の表参照）．

次に挙げるのはガウスがD.A.，第53条に掲示した一覧表である．

1	1				
2	18				
3	7	11			
6	8	12			
9	4	5	6	9	16	17
18	2	3	10	13	14	15

指数はみな$19-1=18$の約数であり，18の約数は1, 2, 3, 6, 9, 18の6個である．これらが左端に縦に並んでいる．各々の約数に対し，その右に配置されているのはその約数を指数とする数である．特に18を指数とする数は2, 3, 10, 13, 14, 15の6個で，これらは素数19の原始根である．

各々の約数に所属する数の個数を数えると，6個の約数1, 2, 3, 6, 9, 18の各々に対して1個, 1個, 2個, 2個, 6個, 6個である．これらの数値はオイラー関数値$\varphi(1)=1, \varphi(2)=1, \varphi(3)=2, \varphi(6)=2, \varphi(9)=6, \varphi(18)=6$である[※8]．

[※8] pは奇素数とし，オイラーは$p-1$の約数dに対し，「dよりも小さくて，しかもdと互いに素である正の数」の個数を考察した．これがオイラー関数$\varphi(d)$の初出である．この定義に従うと$\varphi(1)=0$となる．ガウスはオイラーの定義をわずかに修正し，「dと互いに素で，dよりも大きくはない数」の個数を$\varphi(d)$と規定した．この定義によれば$\varphi(1)=1$となる．1以外の約数については二つの定義によるオイラー関数値が変ることはない．

（たかせ　まさひと／数学者・数学史家）

数学の未来史　山下純一
Future History of Math

深淵からの来迎（147）

アーベルの手稿

Abel's large Parisian memoir […]
had been in some of the same collections,
but was never offered for sale.

アーベルの大きなパリ論文は
同じコレクションに含まれていたが
売りに出されることはなかった．
　　　　　　　　——ストゥーブハウグ

凡庸なもの達を踏み潰す
アーベル（ヴィーゲラン作）

ヴィーゲランの彫刻と純一

アーベルの手稿が見たい

　1992年7月9日に，オスロに滞在中だったぼくは，アーベルの手稿（マニュスクリプト）を見たくて，09:00すぎに妻の京子とともに滞在中のホテル・リッツ（Hotel Ritz）をチェックアウトした．名前はリッツでも，リッツ・パリやリッツ・カールトンとはなんの関係もないごく普通の質素なホテルだ．ぼくがアーベルの手稿を見たくなったのは，2年前の1990年4月2日にパリのフランス学士院の図書館でガロアの手稿の実物を，日本大使館で「紹介状」を入手するのに時間がかかったものの，意外なほど簡単に閲覧できてしまったことと関係していそうだ．このときは，ガロアの手稿に残るコーヒーカップの底のような円形の茶色のシミひとつにも感激したものだ．手稿の中には興味深い意味ありげに思えるシミの残ったものがいくつかあったので，ガロアのシミの残る手紙や論文の写真撮影を試みようとして司書に許可を求めると，そのためにはまず図書館長宛の依頼状を書いて許可を取ることが必要だといわれた．しかも，許可が取れても撮影は学士院が認定した専門の業者によるものでなければならず，写真撮影の一貫として（その機会に）マイクロフィルムの作成まで義務付けられているというような説明を聞かされて，ぼくはすっかり怖気付いてしまって，ぼくが密かに考えていた「ガロアのシミの写真集」構想は脆くも潰え去ることとなった．ところがその後，2011年の「ガロアの生誕200年」を前にして，いつの間にか，ガロアの手稿はマイクロフィルム化され，さらに，そのマイクロフィルムからデジタル化されてインターネットで公開されるとともに，実物は「禁閲覧」化されてしまった．とはいえ，マイクロフィルムの画面をいくら眺めても実物だけが醸し出す「シミの迫力」はまったく感じられないのだが….

国立図書館
ここにアーベルの手稿が保管されている

　アーベルの手稿を見たいというだけで，当時はどこに行けば見れるのかさえぼくにはわかっていなかった．とりあえず手元のオスロの観光地図を見て，オスロ大学図書館（Universitetsbiblioteket i Oslo）に行ってみることにした．現在のオスロ大学の起源となったクリスティアニア大学＝フレデリク王立大学（DetKongelige Frederiks Universitet）は，法律上は1811年に創設されたが，大学専用の建物も大学図書館専用の建物もなく既存の建物を借りて造られていた．アーベルの時代には「1624年に建てられたオスロ最古の建物」，現在の住所では

市役所通り19番地 (Rådhusgata 19) のカフェ・セルシウスのある建物の南東部分にあった古い建物,が大学図書館として使われていた.アーベルの時代のオスロ大学は,現在の住所でいえば国王通り21番地 (Kongens gate 21) の5階建ての建物の北半分ほどの位置にあったので,大学図書館は大学から150メートルほど南西に位置していたことになる.ちなみに,アーベルの時代には現在のような王宮は建設中でまだ存在していなかった.したがってたとえば,王宮前のカール・ヨハン通り (Karl Johansgate) も存在していなかった.もちろん,王宮のすぐ前の北側に並ぶクリスティアニア大学の3棟の立派な建物(現在も法学部の建物と図書館として使われており,かつてはノーベル平和賞の授賞式の会場としても使われてきたし,現在ではアーベル賞の授賞式の会場として使われている)もまだ影も形もなかった.とはいえ,オスロの旧市街地域(アーケシュフース要塞の北東部のオスロ大聖堂より南の地域)の道路の格子状の基本構造はアーベルの時代も現在もそれほど大きくは変化していない.王宮正面すぐの3棟の大学の建物はアーベルの死後に完成したが,西側の建物が大学図書館として使われていた.大学図書館はその後また移動し,1914年以来現在のスーリ広場 (Solli Plass) の南西部に建設された専用の建物に移っている.王宮のある丘のすぐ南のイプセン通り (Henrik Ibsens gate) を王宮前のアーベル像の後ろ姿を右にチラッと見ながら道沿いに西に15分ほど歩くと左側に現れる立派な建物がそれだ.住所でいえば,ドランメン通り42番地 (Drammensveien 42). 当然ながら現在の地図には国立図書館と書かれているが,1992年当時はまだ大学図書館だった.実際,この建物の正面玄関に彫られた大学図書館の文字はまだそのままになっている.ホテル・リッツはドランメン通り65番地の分岐から北に伸びるフレデリク・スタン通りを70メートルほど行った東側の3番地 (Frederik Stangs gate 3) にあった.ついでにいえば,アーベル賞 (Abelprisen) を創設したノルウェー科学アカデミー (Det Norske Videnskaps-Akademi) は,向かいにイギリス大使館とフランス大使館,隣にロシア大使館という環境のドランメン通り78番地にあり,滞在したホテルからは300メートルも離れていなかった.

大学図書館での検索

09:30ごろ大学図書館に着いた.アーベル関係の資料を探すために,コピー代が1枚2クローネ(約50円)もしたので,検索用のカード目録の引き出しからアーベル関係の図書カードをはずし,京子に手伝ってもらって8枚ずつ並べてコピーし始めたら,図書館員に見つかって,「カードの順序がバラバラになる」といって叱られたが,しばらくして,なぜかその図書館員がぼくたちが行いつつあった作業を代行してくれて,しかもコピー代を無料にしてくれた.国家的英雄アーベルの関連文献を探している外国人ということがわかって「優遇」されたのだろうか.それともぼくたちが貧しそうな外人だったのでサービスしてくれただけなのだろうか.その後,閲覧席でそのコピーを眺めて珍しそうな文献を選び,書庫から出してもらおうとしたらいつの間にか11:00を過ぎてしまっていた.ノルウェー語による手書きのカードが大半だったせいだ.それにしても,今思えば,アーベルもコンピュータによる検索ができなかった時代は大変だった!しかも,図書館員は昼休みには働かないので,本が出てくるまでに2時間以上かかるとのこと.アーベルの手稿については,存在していたすべての図書カードをコピーしてもらって適当にチェックし,意味のありそうないくつかの手稿を出してもらうために依頼した.その直後に,図書カードを収めた棚が並んでいるレファレンス・ルームで出版カタログらしきものを発見.信じられないことに,90年も前に出版されたアーベル生誕100年記念の出版物の在庫がまだあるらしいことがわかった.売店で聞くと,奥に行って探してくれて,「フランス語版は品切だがノルウェー語版なら3冊ほど残っている」とのこと.「お土産」ということで,喜んで140クローネ=3500円のノルウェー語版を購入.さすがに値段は90年前のままではなかったようだ.売店のおばさんが「フランス語版が見つかったら交換してあげる」などといってくれたが,フランス語版は日本でも見れるので交換の必要はない.アーベルの手紙などのノルウェー語の原文に接するとができるようになったのは「大きな成果」だった.その後,依頼した資料が出てくるまでの時間潰しを兼

ねて，まず買ったばかりの重い本をロッカーに入れるために中央駅に行き，コペンハーゲンに向かうための夜行列車の座席の予約をしてから駅構内のスタンドで昼食を済ませ，中央駅から4キロほど北に位置しているオスロ大学のメインキャンパス（ブリンナーン・キャンパス）に向かった．駅前からトラムやバスを使えば20分ほどでたどり着ける．大学に着くと，アーベルについての情報でも得られればと思って，数学科の事務室に行った．

アーベル館

11階建てのアーベル館（Niels Henrik Abels Hus）が理学部棟で数学科はその7階．9階にある．アーベル館には，1976年8月にも行ったことがある．このときは，特異点に関するサマースクール（Real and complex singularities, Oslo 1976）に参加中の広中平祐（1931-）とアーベル像の前で並んで写真を撮らせてもらうことができたのだった．ついでに，アーベルの顔の入った巨大な500クローネ札（216mm × 127mm）を見せてもらって，ぼくも早速銀行に行って手に入れたのもこのときだ．理学部の建物は，アーベル館の正面に向かって左が3階建てのビャークネス館，右が2階建てのリー講堂（Sophus Lies auditorium）．このビャークネスはアーベルの伝記を書いた数学者のビャークネス（Carl Anton Bjerknes, 1825-1903）ではなく，その息子で著名な気象学者のビャークネス（Vilhelm Bjerknes, 1862-1951）だ．古い大学図書館（総合図書館）は1999年に国立図書館になってしまったが，ブリンナーン・キャンパスの中心部（リー講堂の南隣り）にモダンな人文社会科学図書館（Hum Sambiblioteket）を含む初代大学図書館長の名前の付いたスヴァードルプ館（Georg Sverdrupshus）が誕生した．現在のオスロ大学の図書館は人文社会科学，医学，法学，理学の4部門ごとの図書館からなっている．たとえば，2012年に誕生した新しい理学部図書館（Realfagsbiblioteket）はビャークネス館にある．ところで，アーベルの父は1814年に「国会議員」になったが，スヴァードルプは1818年に「大統領」になっている．この時期に，アーベルの父は牧師としても政治家としても窮地に陥り，アーベルが大学に入学する前年の1820年に，病気と貧困と失意のうちに死んだ．スヴァードルプは大学図書館設立の責任者で教授でもあった．大学入学後にアーベルには，スヴァードルプのギリシア語の講義中に，アルキメデスの真似をしたのか突然立ち上がって「見つけた！」と叫んで講義室を飛び出したという伝説もある．スヴァードルプとアーベルにはいくつかの「接点」があったが，現在では，スヴァードルプ館内の講堂がアーベル賞の記念講演の会場になっている．数学科の事務員たちが15：00には帰ってしまうと聞いたので，数学科の事務室行きを優先した．事務室では，たまたまいあわせた代数幾何の専門家で2002年にアーベル生誕200周年の記念出版物を編集することになるラウダル（Olav Arnfinn Laudal, 1936-）に話しかけられた．ぼくがオスロに来た目的とともに，アーベルやグロタンディークのことなどを話すと興味を持ってくれて，研究室でしばらく話すことになった．まず，ぼくが当時知っていた代数幾何のオート（Frans Oort, 1935-）のことを話した．オートといえば，グロタンディークが数学を去る直前の1970年8月にオスロ大学で開催された代数幾何のサマースクール（Algebraic Geometry, Oslo 1970）の記録の編者だったオートが思い浮かび，オートはノルウェーの数学者だとばかり思っていたが，ラウダルの友人でオランダの数学者だと教えられて驚いた．リーの生誕150周年記念シンポジウムを8月末に開催するという話も聞かされ宣伝用のポスターをもらった．10年後の2002年には，アーベル生誕200年記念シンポジウムを開催するという話も聞かされた．ラウダルはノルウェー科学アカデミーの会員でリー以来の悲願，アーベル賞の創設者の一人となる．人名辞典（Norsk biografisk leksikon）によれば，「ラウダルは1950年代以降ノルウェー数学の発展の中心となった」（Han [Laudal] var sentral i utviklingen av norsk matematikk fra 1950-årene og utover）とされている．ノルウェーの二大数学者（アーベルとリー）の生誕記念集会を組織しアーベル賞の創設に貢献したことを見てもそれは推察できそうだ．ラウダルは，1996年に再編創設され，情報電子工学部に数理科学科が設置されたものの理学部から数学科が「排除」されたがラウダルはオスロ大学よ

りも大きな新設されたノルウェー技術自然科学大学（NTNU = Norges Teknisk-Naturvitenskapelige Universitet）で，2014年にグロタンディークを紹介する講演を行っている．ラウダルには，エコール・ノルマルやポアンカレ研究所での滞在経験があり，「絶頂期」のグロタンディークに触れる機会があった．1962年の代数幾何セミナー（SGA2）ではノート係の一人だった．古い高等科学研究所（IHES）でのバスツアーのときにグロタンディークが隣りの席に座ったが一言も話せなかったという自虐的な話題さえ含むこの講演は，暗に純粋数学の重要性をアピールする失地回復戦略の一環だったのかと深読みしたくなる．

アーベル生誕200年記念出版物

そういえば，アーベル生誕200年記念集会の出版物を見ると，代数幾何方面がやや重視されているような気もする．これは編集を担当したラウダルとピエネ（Ragni Piene, 1947- ）がどちらも代数幾何の専門家だったためだろうか．ピエネ（女性）は1970年のサマースクールでグロタンディークのモチーフ論への入門講義をしていたクレイマンの弟子だ．ザリスキーから見ると，クレイマンは広中平祐の弟弟子（妹弟子）にあたる．その後，ピエネはアーベル賞委員会の委員長を務めたりもしている．それはともかく，ラウダルに，ぼくが図書館にアーベルの手稿がほとんど見当たらなかった話をすると，ラウダルは「オスロ大学にはアーベルの遺品などはなにも存在しない」といった．研究室の前の廊下の南西の端の窓からヴァイキング船博物館のあるビグデイ半島（Bygdøy）

の方を指差しつつ「オスロに来たらまずヴァイキングだ」といったのが印象に残っている．ぼくにとっては「まずアーベル」なのだが．17:00近くに大学図書館にもどった．閲覧することのできた図書と手稿の中には「大発見」のようなものはなかった．ストゥーブハウグのアーベル伝が出版されるのが4年後の1996年だったのも不運だった．パリ論文どころか「楕円関数研究」の原稿などの重要な手稿を見つけることはできなかった．出してもらった資料の必要最小限の部分のコピーを取り，中央駅にもどってからラウダルからムンクの墓があることで知られた救世主墓地（Vår Frelsers gravlund）にリーの墓があることを教えられていたので，中央駅に着いてから行ってみたものの肝心のリーの墓が見つけられなかったという残念な記憶も残っている．後からわかったことだが，リー夫妻と息子の墓は区画30（Gravfelt 30）にあり，区画54にはビャークネス家の墓もあるという．

アーベル手稿の散逸

すでに書いたように，死の直後にアーベルの手元にあった手稿や雑誌に掲載された論文の別刷などの文書類は一旦クリスティーネの所有物となり，その後，しばらくしてホルンボーの手に渡り，ホルンボーやリーとシローの『アーベル全集』の編集に活用されてから，最終的に，1989年にオスロ大学図書館から変身した国立図書館（Nasjonalbiblioteket）の所蔵となったが，『アーベル全集』が出版された時点では，アーベルの重要な論文（パリ論文のみならず「方程式論」や「楕円関数研究」など）の手稿はクレレがアーベルに返却しなかったことから，どこか1か所にまとめて保管されるということにはなっていなかった．クレレはアーベルの手稿の多くをリブリに譲ったり売ったりしたようだが，リブリの（アーベルのものを含む）膨大なコレクションは，その後，収集家のマンゾーニ（Giacomo Manzoni, 1816-1889）の所有物となり，アーベルの文書については「ピオンビーノ公」（principe di Piombino）で数学や数学史に関心の深い有名な収集家でもあるボンコンパーニ（Baldassarre Boncompagni, 1821-1894）に所有されていたが，死後にその一部が売りに

出されて，ミッタク=レフラー（Gösta Mittag-Leffler, 1846-1927）がアーベルの楕円関数関連の3つの論文の手稿を手に入れている（2つはすでにクレレ誌に掲載済みの論文だったが，残りの1つはミッタク=レフラーが初めて出版することになる）．ボンコンパーニのコレクションの中にパリ論文の手稿も含まれていることがわかったが売りに出されることはなかった．それから半世紀ほど後の1952年になってフィレンツェのモレニアーナ図書館で再発見されたのだった．ミッタク=レフラーが手に入れた3つの論文の手稿は，アーベルの生誕200年とアーベル賞の創設などをきっかけとして，2007年にノルウェーの企業によって買い取られてノルウェー科学アカデミーに寄贈され，現在は国立図書館の所蔵品に加えられている．

アーベル賞

2025年には京都大学数理科学研究所の柏原正樹（1947- ）が佐藤幹夫（1928-2023）の創始した代数解析にまつわる様々な貢献などによってアーベル賞を受賞している．この方面の柏原の研究については，かつてグロタンディークが1985年ごろに批判・攻撃したことがあったが日本側は結果的に沈黙で応答したようだ．

柏原正樹

グロタンディークのこの攻撃は1983年から1985年にかけてグロタンディークによってモルモワロン（Mormoiron）の北の外れの家で執筆された．この著作はのちにぼくにも送られて来たので辻雄一（1938-2002）に見せたところ辻が翻訳したいということになった．辻の翻訳書は現代数学社から『収穫と蒔いた種と』全四巻（原題：Récoltes et Semailles）として出版されることになった．思い出すとグロタンディークのモルモワロンの家にはピアノが置かれモザール=モーツァルト（Mozart）と呼ばれる飼い猫ではないがグロタンディークが餌を与えていた猫もいた，ぼくと京子は粘土を食べに連れて行ってもらった．珍しい体験だった．グロタンディークの家の周辺には粘土が見られる場所が多かったのにも驚かされた．グロタンディークは家の中の小さな部屋のようなところでRécolteset Semailleを執筆していたものと思われる．その執筆時期にゾグマン・メブク（Zoghman Mebkout, 1948- ）という「D加群の哲学」に興味を持ったアルジェリア出身の若い数学者がグロタンディークの前に現れ誤った情報を注入して，グロタンディークを混乱に陥れ，グロタンディークは「それはかつて自分が発見したことだ」と詳細な情報を加えつつ自分による発見を細かく「証明」しようとし始めた．その結果，『収穫と蒔いた種と』の「第四巻には問題が多い」（表現が過激な部分が多い）などとされて結局出版されないことになった．すでに翻訳を済ませていた辻雄一と由美（1940- ）にとっては驚きの話だったに違いない．1987年にはグロタンディークは『夢の鍵』(La Clef des Songes ou Dialogue avec le bon Dieu) の執筆を開始するが，1991年には「完全な孤独」を求めて最終的にラセール（Lasserre）という村に隠遁する．グロタンディークが1996年10月14日は「神の再臨」(La Parousie) の日だと予言するが当たらなかった．そういえば，グロタンディークの長女（Johanna Grothendieck）は陶芸家でモルモワロンの北のジゴンダス（Gigondas）に『夢の鍵』という名前の陶器の製作場兼販売所を持っていた．これもこの地域ならではの粘土を使っての陶器製作所に違いない．ぼくたちがグロタンディークの最終隠遁地ラセールで暮らすグロタンディークを発見して訪れたのは2007年3月12日だった．その後，2014年11月13日にグロタンディークはサン・ジロンの病院（Centre Hospitalier Ariége Couserans）で死亡した．グロタンディークの斎場を知らせてくれたのはグロタンディークの古い友人でクリミア出身のヨランド・レヴァン（Yolande Lévine, 1930-2017）だった．

（やました　じゅんいち）

2冊の数学史

地方の偉人を発掘する

三浦伸夫

芦田譲，岸正儀，中村照夜（編）『嗚呼算仙ナルカナ —作州の和算家，中村一族—』，美作出版社，1987.

長久保片雲（源蔵）『江戸時代後期の巨星 長久保赤水』長久保赤水顕彰会，2022.

日本各地には全国的にはあまり知られていないものの，地域社会やその時代に大きな影響を与えた偉人たちが数多く存在している．彼らは様々な分野で功績を残し，その土地に深く根ざした活動を行ってきた．しかし，歴史の主流から外れた存在であるがゆえに，その名前や事績は広く知られることはあまりなく，やがて人々の記憶から消え去ってしまうことも少なくない．こうした中，忘れ去られようとしている先人たちの足跡を記録にとどめ，後世に伝えようとする動きがある．特に，偉人の子孫や関係者が中心となって当時の資料や証言を集め，系譜や事績を丹念にまとめることがある．それは単なる家族や一族の記録にとどまらず，地域の歴史や当時の文化の一端を明らかにする貴重な手がかりとなる．今回紹介するのは，そうした活動によって浮かび上がった偉人の事例のうち，注目すべき2つのケースである．

「嗚呼算仙ナルカナ」

「算聖」と言えば文句なく関孝和であるが，「算仙」と呼ばれた和算家も地方にいる．今日の岡山県北部である美作（作州）は蘭学で有名であるが，また数学者菊池大麓の出生地でもある．その地では「作州で和算を語るな」という言い伝えがあるそうな．そこで活躍した「算仙」と呼ばれた中村周介（1750-1825）と中村亀市（嘉芽市とも綴る，1806-1878）の二人の和算家の名が今も語り継がれている．和算においては誰も到底かなわない存在だったからこそ，「算仙」と讃えられたのであろう．中村周介は医家に生まれ，向学心が旺盛であったという．京都に上り医術修行に励むかたわら和算も学び，後に南蛮流町間術の印家を授けられる．さらに絵画，詩文，暦学，天文学，占術と，その博学には舌を巻く．

ところで美作には豊かな水源の加茂川があるが，洪水を引き起こし多くの死者を出すことがよくあった．そのため治水が必要とされ，この状況を改善するため和算家周介の出番となった．江戸時代各地の治水作業には測量術に長けた和算家が関わることが多かったのである．周介から和算を学び「天童」と形容された，若い甥の中村亀市にその仕事が委ねられた．亀市は後に江戸に出て，幕府天文方の渋川佑賢や高橋景保などに師事し天文学

を学び，最終的に二百余人の弟子を持つほどの名声を博した．中村一族には和算書・暦書，医書も多く保存され，和算書の一部95冊は学士院に寄贈されている（寄贈本書名リストが巻末に掲載）．和算史家の遠藤利貞も三上義夫も中村家を訪問し蔵書の調査を行ったという．本書には，中村家に伝わる和算関係資料，たとえば師に和算を習う際に神に誓う一礼である神文，周介の描く絵，算額，家系図，星図など，他では見ることが出来ない資料がふんだんに掲載され，中村一族から二人の「算仙」が生まれたことがよく分かる．

本書は，一族の中村照夜や地方史家などがまとめた書であり，一族と和算の関連を中心に描いている．しかしながら『明治前日本数学史』の索引を見る限り周介・亀市両人の記述は見られず，和算史における彼らの位置づけがどうなっているのかは今なお不明である．

「江戸時代後期の巨星　長久保赤水」

長久保赤水（1717–1801）は，現在の茨城県高萩市出身の江戸時代中期に活躍した地理学者・儒学者・天文学者である．伊能図に42年も先駆けて経度・緯度線を取り入れた実用的日本地図を刊行し，それは当時広く用いられただけでなく海外にも知られることとなった．伊能図に比べ赤水図は一般にはあまり知られていないが，実用性の点では先駆的である．また日本で最初の星座早見盤を作成したことも注目すべき業績である．天文学入門書『天象管闚鈔(かんきしょう)』（1774）には，軸に紐が付いて回転する初歩的な早見盤が現存する．

『林鶴一博士 和算研究集録』下巻では，長久保は「長久保玄珠(はるたか)」として言及され，「数学者とは云い難かろう」(p.62)とされながらも，「杜撰なるべきも将来の参考に供す」(p.57)と今後の研究の必要性を示唆している．天文学・地理学に実績を残した点からすれば，世界的視野においては広義の数学者と呼ぶにふさわしいであろう．実際，同時期の英国では天文学・地理学などは数学の一分野と見なされていた．長久保はそれらの分野において応用的知見を提供し，人々の生活や知識体系に貢献した実用数学者なのである．もし彼が英国に生まれていれば，第一級の実用数学者として高く評価されたであろう．にもかかわらず『明治前日本数学史』の索引では彼の名を確認することはできない．このことは，日本における学問史の整理において，応用的な実践者への評価がいまだ十分でないことを示唆している．天文学・地理学には数学（和算）が基礎となる．したがってさらに調査を進め，長久保赤水の和算における貢献が明らかになることを期待したい．長久保赤水の一大功績としての赤水図は，当時の地図や人からの話をまとめて描いた編集図で，江戸幕府の許可を得た出版物として広く流布した．他方，伊能図は実測図ではあるが，そこには経線の表示はなく，また幕府から機密地図としての扱いを受け非公開であったがため，利用されることはなかった．赤水図は日本地図に経緯線（長久保は経度を「京度」と呼ぶ）を導入した点で忘れてはならない人物なのである．

本書は，長久保赤水の7代目にあたる長久保家当主によって，交遊録なども含めた人物像を紹介する一般向け書籍であり，これ1冊で赤水の業績と人となりがよく理解できる構成である．著者は長久保赤水顕彰会の顧問を務めており，内容には史料的信頼性もある．長久保赤水は高萩市が誇る偉人であり，ヴィデオ映画が制作され，記念館も建設され，関連書籍も多数出版されている．なかでも大判カラー版『国の重要文化財指定記念誌 長久保赤水資料群』（長久保赤水顕彰会，2022）は，赤水に関する貴重な資料を豊富な写真とともに収録しており，彼の全体像を理解する上で有用である．学問と実用の架け橋となった長久保赤水の再評価は，学術的・地域的関心にとって重要な意味をもつだろう．

取りあげた二人の人物の名は今日の学術史や数学史の中で十分に位置づけられているとは言い難い．しかし実用を中心とした複数の領域における取り組みは，当時において独自の知的貢献を成しており，その価値は再評価されるべきである．学問が実生活と密接に結びついていた時代の証であり，すると現代においても地域の歴史や文化を見直す上で重要な鍵となるだろう．

（みうら　のぶお／神戸大学名誉教授）

ダブルオイラ完全数　前編

飯高茂

1. はじめに

与えられた平行移動 m に対して $\sigma(a)-2a=-m$ を満たす a を求めると，$m=0$ のときの完全数を代表に興味ある計算例が数多く出る．しかしここで得られた計算例は数学的に証明をすることが非常に難しい．奇数完全数の非存在を筆頭に困難な課題が多くある．

$\sigma(a)$ の代りにオイラ関数 $\varphi(a)$ を用いて $a-2\varphi(a)=-m$ を満たす a を求める．

$a-\varphi(a)=\mathrm{co}\varphi(a)$ を余オイラ関数という．

この場合は多くの興味ある結果が出ることが知られている．しかもここで得られる計算結果は証明可能なものが多い．

簡単のため m は偶数とする．

奇数の場合は正の3べきの場合が興味深い．

実は飯高茂著「数学の研究をはじめようⅧ第2章フェルマー素数のファミリ」に詳しい研究結果が出ている．

表1：$B=\varphi(a), B-2a=-m$

a	素因数分解	B	素因数分解
$m=1$			
3	3	2	2
15	$3*5$	8	2^3
255	$3*5*17$	128	2^7
$m=3$			
5	5	4	2^2
9	3^2	6	$2*3$
21	$3*7$	12	2^2*3
45	3^2*5	24	2^3*3
285	$3*5*19$	144	2^4*3^2
$m=9$			
11	11	10	$2*5$
27	3^3	18	$2*3^2$
39	$3*13$	24	2^3*3
63	3^2*7	36	2^2*3^2
135	3^3*5	72	2^3*3^2
231	$3*7*11$	120	2^3*3*5

表2：$B=\varphi(a), B-2a=-m$

a	素因数分解	B	素因数分解
$m=-38$			
102	$2*3*17$	32	2^5
182	$2*7*13$	72	2^3*3^2
722	$2*19^2$	342	$2*3^2*19$

確認には

1. 素数 Q について $\mathrm{co}\varphi(Q^{e+1})=Q^e$, 2. 異なる素数 Q_1, Q_2 について $\mathrm{co}\varphi(Q_1Q_2)=Q_1+Q_2-1$, を使う.

一般に $m=-2r$, r: 奇数とする.

$a-2\varphi(a)=2r$ によって, a: 偶数になる. そこで奇数 L を用いて $a=2^eL$ と書く.

$a-2\varphi(a)=2^eL-2^e\varphi(L)=2^e(\mathrm{co}\varphi(L))=2r$ になる.

これより $e=1$ になり $\mathrm{co}\varphi(L)=r$.

> **定理1** $a-2\varphi(a)=2r$ の解は $\mathrm{co}\varphi(L)=r$ を満たす L によって $a=2L$ と書ける.

表3: 奇数 L の余オイラ関数の値

L	素因数分解	$\varphi(L)$	素因数分解	$\mathrm{co}\varphi(L)$
9	3^2	6	$2*3$	3
25	5^2	20	2^2*5	5
15	$3*5$	8	2^3	7
49	7^2	42	$2*3*7$	7
21	$3*7$	12	2^2*3	9
27	3^3	18	$2*3^2$	9
35	$5*7$	24	$2^{23}*3$	11
121	11^2	110	$2*5*11$	11
33	$3*11$	20	2^2*5	13
169	13^2	156	2^2*3*13	13
39	$3*13$	24	2^3*3	15
55	$5*11$	40	2^3*5	15
65	$5*13$	48	2^4*3	17
77	$7*11$	60	2^2*3*5	17
289	17^2	272	2^4*17	17
51	$3*17$	32	2^5	19
91	$7*13$	72	2^3*3^2	19
361	19^2	342	$2*3^2*19$	19
45	3^2*5	24	2^3*3	21
57	$3*19$	36	2^2*3^2	21
85	$5*17$	64	2^6	21

$B=\varphi(a)$, $B-2a=-2*19$ の解は表の $\mathrm{co}\varphi(L)=19$ の解 $51=3*17$ に対応して $a=2*3*17$ などができる.

2. ダブルオイラ関数

さてオイラ関数 $\varphi(a)$ の代りに梶田光さん (現在高校生) の示唆を基にダブルオイラ関数 $\varphi^2(a)=\varphi(\varphi(a))$ を用いてみた.

補題1 $4\varphi^2(a)=a$.

Proof(念のため証明する)

$a=2^eL$, (L: 奇数) と書くと,

$\varphi(a) = 2^{e-1}\varphi(L)$. そこで $\varphi(L) = 2^f X$, (X: 奇数) とおくと,
$a = 4\varphi^2(a) = 2^{f+e}\varphi(X)$.

$a = 2^e L$ を使うと, $a = 2^e L = 2^{f+e}\varphi(X)$. ゆえに $L - 2^f \varphi(X) = 0$.

定義式より $W_0 = \varphi(L) - 2^f X = 0$.
$$0 = L - 2^f \varphi(X) - W_0 = \mathrm{co}\varphi(L) + 2^f \mathrm{co}\varphi(X) = 0.$$

かくして $L = 1; a = 2^e$. **q.e.d.**

同様に $8\varphi^3(a) = a$ なら $a = 2^e$

そこで m に対して $a - 4\varphi^2(a) = -m$ を満たす a を調べてみよう.

これを満たす a を平行移動 m のダブルオイラ完全数という.

さらに $B = \varphi(a)$ を定義してこれをパートナという.

簡単な例からみてみる.

表4: 平行移動 m のダブルオイラ完全数 ($a - 4\varphi^2(a) = -m$ を満たす)

a	素因数分解	B	素因数分解
$m = -4$			
12	$2^2 * 3$	4	2^2
20	$2^2 * 5$	8	2^3
68	$2^2 * 17$	32	2^5
1028	$2^2 * 257$	512	2^9
$m = -2$			
6	$2 * 3$	2	2
10	$2 * 5$	4	2^2
34	$2 * 17$	16	2^4
514	$2 * 257$	256	2^8

解に 2 べきとフェルマ素数が並ぶのが面白い.

3. $m = -2^\varepsilon$ のとき

$a - 4\varphi^2(a) = 2^\varepsilon$ が定義式なので a は偶数.

$a = 2^e L$, (L: 奇数) と書けて $\varphi(a) = 2^{e-1}\varphi(L)$.

$\varphi(L) = 2^f X$, ($f \geq 0$, X: 奇数) とおくと,
$$4\varphi^2(a) = 2^{e+f}\varphi(X).$$
$$a - 4\varphi^2(a) = 2^e L - 2^{e+f}\varphi(X) = 2^e(L - 2^f \varphi(X)) = 2^\varepsilon$$

よって
$$L - 2^f \varphi(X) = 2^{\varepsilon - e}.$$

L は奇数なので, $e = \varepsilon$.
$$L - 2^f \varphi(X) = 1.$$

$\varphi(L) = 2^f X$ が X の定義式なので, $W_0 = \varphi(L) - 2^f X = 0$.
$$1 = 1 - W_0 = L - 2^f \varphi(X) - (\varphi(L) - 2^f X) = \mathrm{co}\varphi(L) + 2^f \mathrm{co}\varphi(X) \geq 0.$$

ゆえに $\mathrm{co}\varphi(L) = 1, \mathrm{co}\varphi(X) = 0$. したがって, $L = Q$: 素数, $X = 1; \varphi(Q) = Q - 1 = 2^f$.

定理2 $a - 4\varphi^2(a) = 2^\varepsilon$ の解は $a = 2^\varepsilon Q$, $(Q = 2^f + 1)$, $B = 2^{\varepsilon + f - 1}$

$Q = 2^f + 1$ は素数．このときフェルマ素数．3, 5, 17, 257, 65537 の 5 個しか知られていない．
$a = 2^\varepsilon Q$, $B = 2^{\varepsilon + f - 1}$ が解になる．

逆は次のようになる．
$a = 2^e F$, (F: フェルマ素数) とおくと，$F = 2^r + 1$ と書ける．
$\varphi(a) = 2^{e-1} \varphi(F) = 2^{e-1+r}$
さらに $4\varphi^2(a) = 2^{e+r}$ によって
$$a - 4\varphi^2(a) = 2^e F - 2^{e+r} = 2^e(F - 2^r) = 2^e.$$
2 べきにはならないが簡単な場合を考えてみよう．

4. $m = -6$ のとき

表5：$a - 2\varphi^2(a) = 6$ の解

a	素因数分解	B	素因数分解
$m = -6$			
14	$2 * 7$	6	$2 * 3$
22	$2 * 11$	10	$2 * 5$
46	$2 * 23$	22	$2 * 11$
94	$2 * 47$	46	$2 * 23$
118	$2 * 59$	58	$2 * 29$
166	$2 * 83$	82	$2 * 41$
214	$2 * 107$	106	$2 * 53$

上の表はパソコンの結果である．
$a = 2p$ と奇素数 p で書けるときを考える．

Proof

$a - 4\varphi^2(a) = 6$ によって，$B = \varphi(a)$ とおくと，$a - 4\varphi(B) = 6$．
$B = \varphi(a) = p - 1$ なので $p - 1 = 2^f X$, (X: 奇数) と書く．
$2\varphi(B) = 2^f \varphi(X)$ なので $2p - 2^{f+1}\varphi(X) = 6$
ゆえに $p - 2^f \varphi(X) = 3$．$p - 1 = 2X$ より
$2X - 2^f \varphi(X) = 2$．
$co\varphi(X) = 1 ; X = Q$; 素数
$p - 1 = 2 ; Qp = 2Q + 1 :$ ソフィジェルマン素数．
$a = 2p$, $B = 3Q$ が解． **q.e.d.**

(いいたかしげる／学習院大学名誉教授)

経済学者のリカレント計画 ㊼

自由貿易が正当化される理由（1）

中村勝之

遠い昔の事，独学で開発経済論（開発途上国にまつわる諸問題を扱う分野）を勉強していた際，「輸出志向型」と言う言葉を目にしました．安価な労働力を背景に軽工業品の輸出を通じて外貨を稼ぎ，それを元手に重工業品への生産にシフト…所謂途上国の発展段階論の文脈で輸出が強調されていました．素人の発想だと，途上国の発展に必要な国内産業の育成には外国製品の排除，すなわち「輸入代替型」の方が…と思った所に輸出の強調．当時の驚きは今も記憶に残っています．

直近では関税に関する報道が多くなされています．本来の目的は価格競争力で劣勢にある自国産業を保護する目的で発動されますが，製品に利用する部品代の高騰で却って価格競争力の更なる悪化を招きかねない面も指摘されています．前号までの浅海先生へのインタビューを伺いつつ編集しつつ，昔と今の不思議な繋がりを感じていました．

そこで今号から暫くはインタビュー内容を基本から振り返るべく，貿易を扱うモデルについて解説しようと思います．

1. 基本モデルの設定

自由貿易の正当性を理論的に明らかにしたのはイギリスの経済学者デヴィッド・リカードでした．彼の議論は2国（イギリスとポルトガル）が2財（ワインと麻布）のみを生産・消費する状況を考え，国内において技術的に有利な条件で生産可能（これが**比較優位**）な財の生産に特化する事で世界全体の生産が拡大できる事，そして増えた生産を相互に貿易すれば両国の経済的福祉も向上する事を明らかにしました．以下では，リカードの議論を少しだけ一般化した基本モデルを検討するための諸設定を行います．

【仮定1】2国（A国とB国）と2財（X財とY財）から構成される世界を考える．

【仮定2】各財の生産には労働Lと資本Kが投入され，均衡において各生産要素は全て利用される．また，労働と資本は共に汎用的であり，2財の生産どちらにも投入可能である．

【仮定3】各財の生産技術はレオンティエフ型かつ両国で共通で，その技術的関係は生産関数として次式で与えられる[※1]．

$$X_i = \min\left\{\frac{1}{a_X}L_{iX}, \frac{1}{b_X}K_{iX}\right\}, \quad (1a)$$

$$Y_i = \min\left\{\frac{1}{a_Y}L_{iY}, \frac{1}{b_Y}K_{iY}\right\}. \quad (1b)$$

ここで，X_iは$i(i=A,B)$国におけるX財生産量，Y_iはi国におけるY財生産量，L_{ij}はi国において$j(j=X,Y)$財生産に投入される労働量，K_{ij}はi国においてj財生産に投入される資本量をそれぞれ表す．一方，

[※1] (1)式において，$\min\{G,H\}$とはG, Hのうち小さい方で決まる事を表している．

$a_j(\equiv L_{ij}/j_i)$ は i 国において j 財 1 単位生産のために投入される労働量を表す**労働投入係数**，$b_j(\equiv K_{ij}/j_i)$ は i 国において j 財 1 単位生産のために投入される資本量を表す**資本係数**であり，これらはいずれも正定数かつ両国で共通である．

【仮定 4】X 財生産は（Y 財生産に比して）より多くの労働が必要であると言う意味で**労働集約的**である．そして，Y 財生産は（X 財生産に比して）より多くの資本が必要であると言う意味で資本集約的である．

【仮定 5】貿易開始前において L_i, K_i は与えられている．そして，各生産要素は自国内を自由に移動できるが，国境を越えて移動できない．

【仮定 6】2 つの生産要素及び 2 財は完全競争の下で取引され，各市場の均衡において価格が決定される[※2]．ここで，p_{ij} は i 国における j 財の価格，w_i は i 国における賃金率，r_i は i 国における資本のレンタル価格をそれぞれ表す．

【仮定 7】生産された各財が国境を越えて輸送するに当たり，その費用はゼロである．

【仮定 8】各国に居住する消費者の選好は同一であり，その関係は社会的厚生関数として次式で与えられる（ただし，$\alpha \in (0,1)$ は定数）．
$$U_i = (X_i)^\alpha (Y_i)^{1-\alpha}. \quad (2)$$

【仮定 9】貿易開始前において，A 国には相対的に労働が豊富に存在し，B 国には相対的に資本が豊富に存在する．

元々のリカードモデルにおいて生産要素として

[※2] 経済分析では完全競争の成立条件を厳密に規定しているが，ここでの話では需給状況に応じて X_i, Y_i, L_{ij}, K_{ij} が国内を自在に移動できると考えて差し支えない．

労働のみを仮定し，両国の労働投入係数の違いから比較優位構造を明らかにし，ここから自由貿易の正当性が証明されます．【仮定 2】はリカードの議論から資本を追加する形で一般化した事を意味します．一方，生産技術はレオンティエフ型に代表される固定係数型が仮定されます．それが (1) 式で示されていますが，その本質はリカードの議論を踏襲しています．【仮定 3】【仮定 8】は生産技術及び選好に国による差異が存在しない事を意味し，一見すると貿易を語る上で奇妙に映る仮定です．リカード以降の貿易論において各国の比較優位構造を決定付けるに当たり，（固定係数の相違による）技術的差異以外の要因は何かを探す傾向にありました．その 1 つが生産要素の賦存量の違いであり，それが【仮定 9】に反映されています．

2. 貿易前の均衡

以上の設定のもとで，ここでは両国が貿易する前の状況について検討します．

2.1. 生産可能集合と生産フロンティア

【仮定 5】より，各国に与えられる生産要素の賦存量は 2 財の生産に振り分けられます．これを不等式で表せば，労働に関しては $L_{iX} + L_{iY} \leq L_i$，資本に関しては $K_{iX} + K_{iY} \leq K_i$ でそれぞれ与えられます．これを経済分析では**資源制約**と言いますが，(1) 式より労働と各財の生産には $L_{iX} = a_X X_i, L_{iY} = a_Y Y_i$ の関係にあるので，
$$a_X X_i + a_Y Y_i \leq L_i, \quad (3)$$
が成り立ち，2 財の関係式として与えられます．同様に，資本と各財の生産には $K_{iX} = b_X X_i, K_{iY} = b_Y Y_i$ の関係にあるので，
$$b_X X_i + b_Y Y_i \leq K_i, \quad (4)$$

が成り立ちます．

次に，これら2つの不等式を図示します．その結果が図1に描かれています．その際，【仮定4】が $a_X > a_Y, b_X < b_Y$ を意味する事から，

$$\frac{a_X}{a_Y} > \frac{b_X}{b_Y}, \tag{5}$$

すなわち，(3)式の傾きが(4)式のそれよりも急でなければなりません．これを踏まえて改めて図1を見ると，2つの不等式を同時に満足するのは網掛けの領域に限られるのが分かります．経済分析ではこの領域を**生産可能集合**，その境界線（図の太線）を**生産フロンティア**と呼びます．

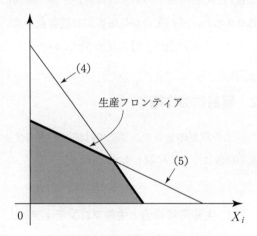

図1 生産可能集合と生産フロンティア

2.2. 生産者及び消費者の行動

次に生産者と消費者の行動について見ていきます．

各財の生産に従事する生産者の目的は利潤の最大化で，収益から諸費用を控除して定義されます．ここの記号を使えば，例えば X 財生産者については $p_{iX}X_i - w_i L_{iX} - r_i K_{iX}$ で表されますが，(1)式の関係を利用すれば，

$$(p_{iX} - a_X w_i - b_X r_i)X_i,$$

すなわち生産量の比例式として与えられます．同様に Y 財生産者についても，

$$(p_{iY} - a_Y w_i - b_Y r_i)Y_i,$$

によって利潤が定義されます．

ここで $p_{ij} < a_j w_i + b_j r_i$ のケースを考えます．これは上2式より利潤が負であるのが分かりますが，生産者は儲からない事を承知で財を生産するか…と言えば，答えは否．すなわち生産者は j 財生産から撤退します．この動きは（所与の需要の下で）供給不足感を生み出しますから，価格 p_{ij} 当初の水準から上昇し，早晩不等号が等号で成り立つ所まで行くはずです．他方，$p_{ij} > a_j w_i + b_j r_i$ のケースは逆の動きが起こります．この場合は財生産が儲かる合図になりますから，様々な（潜在的）生産者が参入して j 財生産を開始します．これによって（所与の需要の下で）供給過剰感を生み出しますから，p_{ij} は当初の水準から下落，そしてそれは不等号が等号で成り立つ所まで行くはずです．

以上の考察を踏まえると，生産者の参入・退出が止まる状況においては $p_{ij} = a_j w_i + b_j r_i$ が成り立ち，各生産者の利潤はゼロになります（これを**ゼロ利潤条件**と言う）．ここから，賃金率 w_i および資本のレンタル価格 r_i はそれぞれ，

$$w_i = \frac{b_Y p_{iX} - b_X p_{iY}}{a_X b_Y - a_Y b_X}, \tag{6a}$$

$$r_i = \frac{a_X p_{iY} - a_Y p_{iX}}{a_X b_Y - a_Y b_X}, \tag{6b}$$

と計算でき，2財の価格が決まれば2つの生産要素の価格も定まるのが分かります．

（次号につづく）

（なかむら　かつゆき／桃山学院大学）

俺の数学® 数理哲人

数学の特質（9）「結果主義」は数学の敵である

前回は「ポスト・トゥルース（post-truth）」が流行語になってしまう世相に絡めて、大人にも子どもにも『真実性を気にかけない人たち』が少なくないことを取り上げた。でも、真実性を過剰に気にかけるようになると、振り子が反対側に振れて『結果主義』に向かってしまう。結果主義もまた、数学（学習）の敵なのである。

今回も個別指導の一場面から。師弟間の一対一の問答をする中で、こちらが発する問いに対しての応答について。入塾して日の浅い初心者や、自分の考えに自信が持てない生徒の場合、囁くような、聞き取れないような、とても小さなか細い声で答える。そういうときは「聴こえない」と返して、大きな声で答えられるように、育てる。答えが合っているかどうか以前に、問答はコミュニケーションなのであるから、それが成り立つには聴こえる声で発音することが前提となるからだ。

発声ができるようになると、次の段階では、こちらの問いかけに対して「○○ですか？」と返答するケースも少なくない。「否」と返すと、「では、○○ですか？」とくる。「ですか？じゃないよ。自分の考えを答えよう」と促す。問いへの返答に「ですか？」の語尾をつけるのは、これもまた自信のなさの顕れなのである。私自身の指導経験が浅いうちは、そう思っていた。しかし、ある段階で気がついた。「ですか？」の語尾をつけるのは《答えを当てに行っている》のであると。

子どもの中には、数学上の返答（計算の結果や、推論の結果を答える場面が多い）を《クイズ番組》のように捉えている子が少なくないのだ。自分の答えに対し、先生から合っているというお墨付きをもらえたとき、子どもは内心で『当たった』と喜んでいる。本来であれば『できた』と喜ぶべきなのだが。だから、間違っていたときの次の返答に「では、○○ですか？」とくるのだ。答えが当たるまでトライする、という精神である。このようなメンタリティで問答を続けている限り、せっかくの個別指導の機会を積み上げても、残念ながら、数学の学力は伸びない。

数学の問答をクイズのように捉えている子どもは『真実性を気にかけている』のであるが、関心が向いているのは『結果のみ』なので、浅いのである。そこを耕して深めていくのが指導者の役割である。「結果の真実性」だけでなく、「プロセスも含めた全体の真実性」に関心をもつには、精神的な成長が欠かせない。数学ができるようになるには、心も成長しなければならないのだ。

「結果の真実性」のみを気にかける精神性を《結果主義》という。これは、算数の学習では大きな問題にはならないが、数学の学習では「敵」となる。

以前に、数学の特質として『正しく考えると、正しい結論に至る』と書いた（本年2月号）。命題の「裏」は必ずしも真ではない。つまり『誤った考えをしても、正しい結論に至ることがある』のであるから、結果主義は数学の敵なのである。個別指導をしていて、そのような場面があると、私は「キミの答案は『運良く』合っている」とコメントすることがある。結論が合っていることに安堵している生徒に対して「運がよかったに過ぎない」と告げるわけで、最初はその意図を理解してもらえない。内心では「えっ？だって、答えが合ってるじゃん？」と思っているのが伝わってくる。一見すると正しい結論が得られているのだが、実はその問題に固有の特殊な条件を使っているのに、その特殊性を意識していないことがある。そのようにして「正解した」と安心すると、異なる状況の似た問題のときに、破綻をきたすおそれがある。それが「運良く合っている」の真意だ。

世の中の試験で普及している「マークシート」方式は、結果主義を助長する。多くの中学入試・高校入試も、結果しか問わないので、結果主義を助長する。世の学生たちを結果主義に陥れているのは、試験制度がその一因となっている。しかし、試験制度を犯人として指弾するのも極端に過ぎる。試験そのものは、教育の中に、欠かせない。ただ「一つの副作用としての結果主義」を子どもの精神の中に見出したとき、どのように対処するかが、指導者の腕の見せどころなのである。　　（すうりてつじん）

数学 Libre
第124回

ヤコブ・ベルヌーイの弾性曲線 I

松谷茂樹

ヤコブ・ベルヌーイは1794年の論文 [1] で長方形型弾性曲線の方程式として楕円積分

$$\int ds = \int_0^x \frac{a^2 dx}{\sqrt{a^4 - x^4}} \quad (\text{I-1})$$

を発見しました．

論文 [1]

今回はヤコブ・ベルヌーイの長方形型弾性曲線の方程式の導出過程についての話です．

ヤコブは右図のような2次元 xy-平面の平面曲線 $C:(x(s), y(s))$ と, C を中心軸として持つ, 厚みのある棒の断面を考察しました. s は曲線 C の弧長とします. この考察によりヤコブは曲率 κ が力のモーメント M に比例すること, つまり

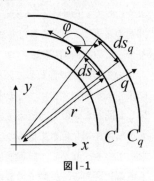

図 I-1

$$\kappa \propto M \quad (\text{I-2})$$

を示しました．ここで曲率 κ とは曲率半径 r の逆数であり，

$$\kappa = \frac{1}{r} = \frac{d\varphi}{ds} = \frac{(d^2 y/dx^2)}{\sqrt{1+(dy/dx)^2}^3}$$

として得られる幾何学量です．ヤコブの時代は曲率という概念はまだ生まれていなかったので，すべては曲率半径によって記述しています．図 I-1 に示すように，軸を示す曲線 C からの曲線の法線方向のユークリッド距離を q とすると，等 q 値を持つ曲線 C_q の弧長 ds_q は C の弧長 ds により

$$ds_q = \left(\frac{r+q}{r}\right) ds = (1 + \kappa q) ds$$

と書けます．つまり，κq に応じて伸縮することが判ります．この伸縮によりフックの法則を通して，力が κ に比例して生じること, つまり (I-2) が判ります．

更に，ヤコブは曲率 κ として

$$\kappa = \frac{d}{dx}\frac{dy}{ds} \quad (\text{I-3})$$

とする表現を発見しました．[1] ではヤコブは曲率半径 r を z と記して, $z = \frac{dx\,ds}{ddy}$ としてこの式を表しました．

式 (I-3) を証明しておきましょう．まずは現代的には接角 φ により $\frac{dy}{ds} = \sin\varphi$ となることから

$$\frac{d}{dx}\frac{dy}{ds} = \frac{ds}{dx}\frac{d}{ds}\sin\varphi = \frac{1}{\cos\varphi}\cos\varphi\frac{d\varphi}{ds} = \kappa$$

を得ます．ヤコブは $ds = \sqrt{dx^2 + dy^2}$ に注意して

$$\frac{d}{dx}\frac{dy}{\sqrt{dx^2+dy^2}} = \frac{d}{dx}\frac{(dy/dx)}{\sqrt{1+(dy/dx)^2}}$$

$$= \frac{(d^2y/dx^2)}{\sqrt{1+(dy/dx)^2}} - \frac{1}{2}\frac{2(dy/dx)^2(d^2y/dx^2)}{\sqrt{1+(dy/dx)^2}^3}$$

$$= \frac{(d^2y/dx^2)}{\sqrt{1+(dy/dx)^2}^3} = \kappa$$

という形でおそらく証明をしたと思われます．

しかし (I-3) はやや微妙な式です．つまり，
$$\frac{d}{dx}\frac{dy}{ds} \not\equiv \frac{d}{ds}\frac{dy}{dx}$$
となります．具体的には
$$\frac{d}{dx}\frac{dy}{ds} = \kappa, \quad \frac{d}{ds}\frac{dy}{dx} = \frac{1}{\cos^2\varphi}\kappa \quad \text{(I-4)}$$
となります．こちらの (I-4) も証明しておきましょう．φ を接角とすると $\frac{dx}{ds} = \cos\varphi, \frac{dy}{ds} = \sin\varphi$ より
$$\frac{d}{ds}\frac{dy}{dx} = \frac{d}{ds}\frac{\sin\varphi}{\cos\varphi} = \frac{1}{\cos^2\varphi}\frac{d\varphi}{ds} = \frac{\kappa}{\cos^2\varphi}$$
となります．また $ds = \sqrt{dx^2 + dy^2}$ に注意し
$$\frac{dx}{\sqrt{dx^2+dy^2}}\frac{d}{dx}\frac{dy}{dx} = \frac{1}{\sqrt{1+(dy/dx)^2}}\frac{d^2y}{dx^2}$$
$$= \frac{(d^2y/dx^2)}{\sqrt{1+(dy/dx)^2}} = \left(1 + \left(\frac{dy}{dx}\right)^2\right)\kappa$$
としても同じ式を得ることができます．

[1] では次に (I-3) を基にヤコブは長方形型弾性曲線の場合，この曲率 κ が x に比例すること，つまり $\kappa \propto x$ を仮説として採用しました．確かに，端点を固定すると，κ は x に対して単調増加するように思われます．また，1744 年にオイラーが弾性曲線の形状を最小化問題として厳密に定めた際に，結果論として後天的に，ある条件下で弾性曲線の曲率 κ と x が比例することが判明しています．

しかし，先天的にこれが判るわけではありません．なぜならば，κ が x に比例するという結果は大局的な条件であるからです．

それでも，この仮説を採用すると興味深い結果が得られるのです．つまり，
$$\kappa = \frac{2x}{a^2} \quad \text{(I-5)}$$
を仮定し，(I-3) と組わせてみると，適当な境界条件の下で
$$\frac{dy}{ds} = \frac{x^2}{a^2}, \quad \int^x \frac{d}{dx}\frac{dy}{ds}dx = \int^x \frac{2x}{a^2}dx$$
$$\text{(I-6)}$$

を得ます．ここで $ds = \sqrt{dx^2 + dy^2}$ に注意すると
$$dy^2 = \frac{x^4}{a^4}(dx^2 + dy^2)$$
を得，これより $(a^4 - x^4)dy^2 = x^4 dx^2$ を通して，ヤコブは長方形型弾性曲線の形状
$$dy = \frac{x^2 dx}{\sqrt{a^4 - x^4}} \quad \text{(I-7)}$$
に辿り着きました．

Æquatio differentialis est $dy = \dfrac{xx\,dx}{\sqrt{aa-x^4}}$) præstandum esset, quod

論文 [1] の (I-7) の箇所

導出を考えれば再度 $ds = \sqrt{dx^2 + dy^2}$ に注意してヤコブが長方形型弾性曲線積分
$$\int ds = \int_0^x \frac{a^2 dx}{\sqrt{a^4 - x^4}} \quad \text{(I-8)}$$
も得ていたことは自明なことです．これが [1] でいわゆる積分 (I-1) を得た背景です．

その後，論文 [1] はホイヘンスにより批判を受け，ヤコブはレムニスケート曲線を論文 [2] で導入しました．ヤコブ 39 歳に対してホイヘンス 65 歳のときの話です．レムニスケート曲線を導入することによりその批判をかわすのがヤコブにとって最大の狙いであったと思われます．

論文 [2] により (I-1) や (I-8) はその後レムニスケート積分と呼ばれるようになりました．

次回，ヤコブが一般の楕円積分を導いた話を続けます．

参考文献

[1] Jacob Bernoulli, Curvatura Lamina Elastica & c., Acta Eruditorum, (1694) 262-276.

[2] Jacob Bernoulli, Constructio Curva Acceffus & Recessus aquabilis, ope rectifications Curva cujusdam Algebraica, Acta Eruditorum, (1694) 336-338.

（まつたに　しげき
／金沢大学 電子情報通信学系）

Dr. Hongoの数理科学ゼミ

2025年09月号の問題

第289問 円周 $C: x^2+y^2=2$ と双曲線 $H: xy=1$ の接点をA, Bとおく. H上のA, B以外の点をPとおく. 直線APとCの交点のうちAでない方をD, 直線BPとCの交点のうちBでない方をEとおく. 直線DEの傾きを求めよ.

ヒント Pの位置は無数にあるが, DEの傾きはどうでしょうか. いわゆる, 曲線束の公式を用いる方法もあります.

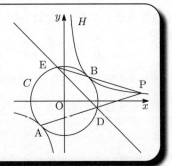

●応募方法
e-mailの表題(subject)に **25/9kaito** と書き, 初めに, 本名, 筆名, 年齢, 学校名と学年(職業), 住所を明記の上, **topology@tpht.bb4u.ne.jp** へ, 9月12日(金)までにお送り下さい(解答送付はe-mailのみとさせて頂きます). 解答の発表は10月号で, 解答者の発表は10, 11月号で行います.

● **2025年8月号の問題解答** ●

第288問 s, t を実数とする. 座標空間に3点 $A(-4, -1, 0)$, $B(-3, 0, -1)$, $P(s, t, -2s+t-1)$ がある.
(1) A, B, Pは一直線上にないことを示せ.
(2) Pから直線ABに下した垂線の足Hを求めよ.
(3) 三角形ABPの面積の最小値を求めよ.

出典 2025年 神戸大学理科系学部 ④

Pが描く図形を考えると楽です. (3)は(2)を使わずにできます.

解答 (1) $P(x, y, z)=(s, t, -2s+t-1)$ から s, t を消去すると, 平面 $\Pi_1: 2x-y+z=-1$ の式になる. これがPの軌跡である. A, Bの座標を Π_1 の式の左辺に代入すると, -7 になるので, 直線ABは平面 $\Pi_2: 2x-y+z=-7$ 上にある. Π_1 と Π_2 は平行なので共有点はない. よって, 直線AB上に点Pは載らない.

(2) $\overrightarrow{AH}$ の符号付き長さを ℓ とおくと,
$$3s+6=\overrightarrow{AB}\cdot\overrightarrow{AP}=|\overrightarrow{AB}|(|\overrightarrow{AP}|\cos\theta)=\sqrt{3}\ell$$
$\ell=\sqrt{3}s+2\sqrt{3}$ は $\overrightarrow{AB}$ の長さ $\sqrt{3}$ の $s+2$ 倍なので,
$$\overrightarrow{OH}=\overrightarrow{OA}+\overrightarrow{AH}=\overrightarrow{OA}+(s+2)\overrightarrow{AB}$$
$$=(s-2, s+1, -s-2).$$

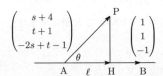

(3) ABを底辺としたときの $\triangle ABP$ の高さの最小値は, Π_1 と Π_2 の距離である(下図). それはAと Π_1 の距離に等しく, 点と平面の距離の公式より
$$\frac{|2(-4)-(-1)+0+1|}{\sqrt{2^2+(-1)^2+1^2}}=\sqrt{6}.$$
よって, $\triangle ABP$ の面積の最小値は
$$\frac{1}{2}\sqrt{3}\times\sqrt{6}=\frac{3\sqrt{2}}{2}.$$

Dr. Hongoの数理科学ゼミ
2025年7月号(問287)の解答者
横田雅之(千葉県柏市), 徳田憲弘(兵庫県三田市), Mugu(山梨県山梨市), 以上6+3名

2025年8月号(問288)の解答者
山本ジョージ(福井県鯖江市), $e^{\pi i}$(新潟県新潟市), 佐野一雄(東京都練馬区), 細野晃(新潟県佐渡市), 瀬川ひろ(目黒2), 高畑和夫(東京都多摩市), 君のお姉さんゴリラにでも育てられたの!?(東京都).

現在7名

Die Heimkehr des Geistes

精神の帰郷

広義積分再考
── 収束と発散のいろいろ

広義積分の収束性の判定はむずかしいことが多く,収束することが判明した場合でも積分値を算出するには独自の手立てが要求されます.広義積分のタイプもさまざまで,典型的な例を挙げると,たとえば積分 $\int_0^{+\infty}\frac{\sin x}{x}dx=\frac{\pi}{2}$ は積分域が有界ではないという意味において広義の積分ですが,オイラーの名とともに語られる積分 $\int_0^{\frac{\pi}{2}}\log\sin x\,dx=-\frac{\pi}{2}\log 2$ では積分域は有界でも被積分関数 $\log\sin x$ が $x=0$ において特異性を示すという意味においてやはり広義積分です.これに対し,収束性の判定と積分値の算出が同時に遂行されてしまう場合もあります.髙木貞治先生の『定本〜解析概論』の 113 頁の[例1]がそれで,そこに $\int_0^x \frac{dx}{\sqrt{1-x^2}}=\operatorname{Arcsin} x$ という等式が出ています. x の変域は $0\leq x<1$. Arcsin は逆正弦関数の主値を表しています.そこで $x\to 1$ のとき $\operatorname{Arcsin} x \to \frac{\pi}{2}$ となることに目を留めて,広義積分の値 $\int_0^1 \frac{dx}{\sqrt{1-x^2}}=\lim_{x\to 1}\int_0^x\frac{dx}{\sqrt{1-x^2}}=\lim_{x\to 1}\operatorname{Arcsin} x=\frac{\pi}{2}$ が手に入ります.どこまでも平明でありながら,しかもどこかしらいかにも不思議な印象の伴う計算ですが,不定積分 $\varphi(x)=\int\frac{dx}{\sqrt{1-x^2}}$ において虚の変数変換 $u=ix+\sqrt{1-x^2}$ を実行すると,この計算の根底にあるものが浮かび上がってくるような思いがします.

等式 $u=ix+\sqrt{1-x^2}$ から,次々と
$x=\frac{u^2-1}{2iu},\ dx=\frac{(u^2+1)\,du}{2iu^2},$
$\sqrt{1-x^2}=u-ix=\frac{u^2+1}{2u}$ が得られて,変数変換の遂行に必要な部品がそろいます.そこでこれらを用いて変数変換を実行すると,
$\varphi(x)=\int\frac{dx}{\sqrt{1-x^2}}=\int\frac{2u}{u^2+1}\frac{(u^2+1)\,du}{2iu^2}$
$=\frac{1}{i}\int\frac{du}{u}=-i\log u$
と計算が進み,不定積分 $\varphi(x)$ の複素対数 $\log u$ による表示に到達します.不定積分 $\varphi(x)$ はそれ自体が関数で,その定義域は x 軸上の開区間 $\Sigma:-1<x<1$ です.関数値に不確定性が見られますが,たとえば $\varphi(0)=0$ と指定すると 1 価性が確保されます.他方,対数関数 $\log u$ は複素 u 平面上に描かれたリーマン面 $R(\log u)$ 上で定まります.原点に穴のあいた無数の複素 u 平面が螺旋状につながって形成される図形ですが,1 枚の u 平面上に単位円,すなわち原点を中心とする半径 1 の円を描き,その円の右半円を Γ とします. x が実軸に沿って $x=-1$ から $x=1$ まで移動するとき,

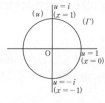

u は半円 Γ に沿って $u=-i$ から $u=i$ まで移動します.開区間 $-1<x<1$ の両端点 $x=-1$ と $x=1$ の各々に半円 Γ の両端点 $u=-i$ と $u=i$ がそれぞれ対応します.そこで Γ からこれらの両端点を除去して開半円 Γ_0 を作ると,変数変換 $u=ix+\sqrt{1-x^2}$ およびその逆変換 $x=\frac{u^2-1}{2iu}$ により Σ と Γ_0 が対応し,この対応に応じて実開区間 Σ 上の関数 $\varphi(x)$ と開半円 Γ_0 上の関数 $-i\log u$ が相互に移り合う状況が認められます.ところが $\varphi(x)$ の定義域が Σ に限定されているのに対し, $-i\log u$ の定義域は Γ_0 を軽々とこえて,リーマン面 $R(\log u)$ という広大な領域に広がります. Σ の二つの境界点 $x=-1$ と $x=1$ に対応する Γ_0 の 2 点 $-i$ と i においても有限値をとり,その値はそれぞれ $-i\times\frac{-\pi i}{2}=-\frac{\pi}{2}$ と $-i\times\frac{\pi i}{2}=\frac{\pi}{2}$ です.定積分 $\int_0^1\frac{dx}{\sqrt{1-x^2}}$ に立ち返ると,この積分値は u が $u=1$ から Γ に沿って $u=i$ に移動する際の $-i\log u$ の変分にほかならないのですから,即座に $-i\times\frac{\pi i}{2}=\frac{\pi}{2}$ という数値が得られます.変数変換に伴う関数の定義域の拡大.広義積分の収束性の根拠がそこに認められ,それに伴って積分値もまたやすやすと算出されるのでした.

(おぎわら ゆうへい)

好評発売中

代数的整数論序説
オイラーからガウスへ

高瀬 正仁 著　A5判／322頁／定価（本体3,500円＋税）

フェルマの欄外ノートとガウスの『アリトメチカ研究』から数論の二つの泉を辿り，平方剰余から楕円関数，代数的整数論の芽生えへと至る壮大な書．「なぜ素数はこうなるのか？」に，ガウス，オイラー，アーベルらの発見をたどりながら数の深層に迫ります．

●内容
平方剰余の理論への道を開く／平方剰余の理論の基本問題／2次形式の理論／円周の等分理論／黎明の楕円関数論／4次剰余の理論／代数的整数論の芽生え

相対論とゲージ場の古典論を噛み砕く 第2版
－ゲージ場の量子論を学ぶ準備として－

松尾 衛 著　A5判／226頁／定価（本体2,500円＋税）

現代物理学の最高峰「ゲージ場の量子論」を学ぶための第一歩として，相対論とゲージ場の古典論を題材に，「ゲージ場の量子論を学ぶ心の準備」が整うように配慮したガイドブックです．第2版ではゲージ場の量子論という深遠な世界に飛び込むあなたの確かな伴走者となることを目指し，新たな視点での加筆に加え，内容も構成もリニューアルしました．

●内容
ガイドブックのガイド／「ちゃんとした」理論とローレンツ群／時空概念の変革／質点運動のレシピ／質点運動から場の運動へ／多重線型写像と添え字の上げ下げ／　他

応用される ベクトル・行列・行列式

田村 三郎 著　A5判／218頁／定価（本体2,500円＋税）

本書は理工系のための抽象的な数学にとどまらず，ベクトルや行列，行列式といった基本概念を丁寧に復習しながら，線形代数の具体的応用を多角的に考察します．

※本書は2004年に刊行された『文系のための線形代数の応用』のリメイク版です．

●内容
親族関係／強弱関係／婚姻関係／うわさの伝播／遺伝モデル／血液型の遺伝／　他

現代数学社

好評発売中

数検1級をめざせ
新装版
大学初年級問題解法の手引き

一松 信 著　　A5判／154頁／定価（本体2,300円＋税）

　本書は数学検定1級対策として，また大学初年級レベルの代数学・解析学の演習書として活用できる書です．過去の検定問題や連載記事を再構成し，豊富な解法の技法を紹介．若干の誤植を訂正して再発行しました．

● 内容
初等代数学／線型代数学／行列式の計算／極限値／積分とその応用／常微分方程式／その他の諸分野／補充問題／検定問題の具体例

新装版

大学院への幾何学演習

河野 明・三村 護・吉岡 巌 共著

A5判／374頁／定価（本体4,300円＋税）

　本書は，大学院で数学を専攻しようと考えている方々を対象に，位相空間論，代数トポロジー，微分トポロジーといった幾何学の主要な分野を広く取り上げたものです．

● 内容
第1部　位相空間論（位相の導入／連続写像／閉写像と開写像／商写像と商空間／　他）
第2部　多様体の幾何学と代数トポロジー（基本的問題／古典群／可微分多様体の幾何学基本群／高次ホモトピー群／ホモロジー群とコホモロジー群）

現数Lecture Vol.6

$Elite$ 数学（下）
初学者のための知的ライセンス

梶原 壤二 著　　A5判／130頁／定価（本体1,900円＋税）

　本書はエリート高校生や数学愛好家向けの数学書です．大学数学の要素を含みつつ，大学入試問題を出題者視点で解説．受験後の学習を円滑に進める工夫があり，エリート教育の重要性も強調．高校数学を超えた視点を養い，学問の基礎を築く一冊です．

現代数学

定期購読のご案内

本誌が確実にお手元に届く予約定期購読をおすすめします．
送料は弊社が負担しますので無料です．

予約定期購読料は
1 年分 ―― 12,400 円
半年分 ―― 6,400 円
（臨時増刊号は除きます）
です．予約購読中に定価が値上がりする場合は据置きとなり，追加料金はいただきません．

●本誌巻末の振替用紙に必要事項をご記入の上，お申し込みください．または現代数学社ショッピングサイト https://www.gensu.jp/ からも簡単にお申込みいただけます．

発売は毎号前月の 12 日発売
定価 1,200 円（本体 1,091 円）

バックナンバーをお求めの方は，どうぞお気軽にお問い合わせください．

『理系への数学』，『現代数学』のバックナンバーを取り揃えているお店もあります．（写真：神保町・書泉グランデ）

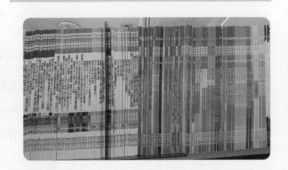

次号予告 現代数学 2025 年 10 月号

輝数遇数 ―数学者訪問
　／三好 建正（理化学研究所 計算科学研究センター）
　　　　　　　　　　　　　　　　河野裕昭・冨永 星
現代数学への誘い／群論・幾何学入門（仮題）…… 加藤本子
数学証明ショートショート………………………… 矢崎成俊
ほのぼのコラム／ひたちのなかの数学問答……… 伊藤　昇
高校数学の脈綴り／統計的な推測④……………… 鶴迫貴司
学校数学から競技数学への架橋
　　　　　　／代数 A ①　計算の基礎 ………… 数理哲人
初等数学回遊
　　　　／チェビシェフの多項式 〜 n 倍角の公式〜 … 吉田信夫
微分積分学ノート／微分 ………………………… 正井秀俊
しゃべくり線型代数 ……………… 西郷甲矢人・能美十三
院試で習う大学数理 ……………………………… 柳沢良則

代数幾何入門 …………………………………… 上野健爾
BSD 予想から深リーマン予想への眺望／統計力学的数論
のすすめ 〜リーマン予想と佐藤−テイト予想を超えて②
　　　　　　　　　　　　　　　　　　　　　　木村太郎
4 次元から見た現代数学 ……………………… 池田和正
代数学の幾何的トレッキング／表現論の基本命題
　　　　　　　　　　　　　　　　　　　　　　難波　誠
高次冪剰余の理論の探究 …………………… 髙瀬正仁
A Short Lecture Series 関数論／基本群（その 18）… 中村英樹
数学の未来史／深淵からの来迎 ……………… 山下純一
2 冊の数学史 …………………………………… 三浦伸夫
経済学者のリカレント計画 …………………… 中村勝之
数学 Libre ……………………………………… 松谷茂樹
数学の研究をはじめよう
　　　／ダブルオイラ超完全数　中編 ……… 飯高　茂

現代数学社
〒606-8425　京都市左京区鹿ヶ谷西寺ノ前町 1 番地
TEL：075 (751) 0727　FAX：075 (744) 0906

振替払込請求書兼受領証

口座記号番号	0 1 0 1 0 - 8	1 1 1 4 4	通常払込料金加入者負担
加入者名	株式会社 **現代数学社**		
金額	千百十万千百十円		
ご依頼人	*おなまえ		様
料金 (消費税込み)	円	日附印	
備考			

※この受領証は、大切に保管してください。

記載事項を訂正した場合は、その箇所に訂正印を押してください。

払込取扱票

	口座記号番号	0 1 0 1 0 - 8	1 1 1 4 4	通常払込料金加入者負担
02	加入者名	株式会社 **現代数学社**		金額 千百十万千百十円 *
				料金 備考

通信欄

	雑誌注文	現代数学	年 月号～ 年 月号 臨時増刊	新規・継続 年 月号
		書名	冊数	
	書籍注文	書名	冊数	

※郵便番号 □□□-□□□□

おところ・おなまえ		様
	(電話番号 - -)	日附印

ご依頼人において記載してください。

裏面の注意事項をお読みください。（承認京第860号）

これより下部には何も記入しないでください。

各票の※印欄は、ご依頼人において記載してください。

◎月刊現代数学　定期購読料（送料・税込）
① 1年購読：12,400円
② 半年購読：6,400円

◎書籍・月刊誌（年間購読以外）の送料（税込）
1. ご注文が、3,500円未満の場合：一律495円
2. ご注文が、3,500円以上の場合：無料
　① 本州・四国
　② 北海道・九州・沖縄：一律605円
※離島は別途料金となります。

これより下部には何も記入しないでください。

（ご注意）
・この用紙は、機械で処理しますので、金額を記入する際は、枠内にはっきりと記入してください。また、本票を汚したり、折り曲げたりしないでください。

・この用紙は、ゆうちょ銀行又は郵便局の払込機能付きATMでもご利用いただけます。

・この払込書は、ゆうちょ銀行又は郵便局の渉外員にお預けになるときは、引換えに預り証を必ずお受け取りください。

・ご依頼人様からご提出いただきました払込書に記載されたところにより、おなまえ等は、加入者様に通知されます。

・この受領証は、払込みの証拠となるものですから大切に保管してください。

収入印紙
3万円以上
貼　付

数学を奏でる指導
数理哲人著
[A5版 全11巻]

数学を奏でる指導答案集
元ちび仮面＋数理哲人著
[A5版 全5巻]

(1) 東大・京大等の大学入試問題を模した著者作成問題6問セットが全部で125セット（合計750問）．
(2) 一人の東大受験生が120セット（720問）を解き倒すまでのすべての添削指導の記録を収録．
(3) 数学指導者のためのチップス集「問題つくりの風景」（全11回）を収録．
第1巻は現代数学社より刊行，第2巻以降はプリパス知恵の館文庫にて引き継いで刊行しています．
[全16巻・約5,000ページ・豪華化粧箱入りボックスセット 税込 110,000 円]

URL http://www.prepass.co.jp/

プリパス・ウェブショップ
Pre→pass WEB→SHOP

http://www.rakuten.co.jp/prepass/

有限会社　プリパス

e-mail: info@prepass.co.jp

（駒場教室）〒153-0041
東京都目黒区駒場 3-11-9-201

覆面の貴講師
数理哲人

現代数学 ●9月号　定価1,200円　本体1,091円（税10％）　2025年9月1日発行／第58巻第9号通巻705号／毎月1日発行

中村 勝之 著
A5判／260 頁
定価（本体 3,100 円＋税）
ISBN978-4-7687-0673-2

新刊案内
現代経済学の稜線 第1巻
マクロ動学・ゲーム理論の数理

社会科学系諸分野の中でも割と早い段階から分析に数学を積極的に利用してきた経済学．経済数学はその経済分析に数学的基礎を与える分野です．本書は経済数学をベースにしつつ他の研究領域との交流を通じて裾野を広げている現代経済学のうち，マクロ動学とゲーム理論にフォーカスし，その稜線を眺望します．経済学を知らない読者のための雑談・一口メモ付き！

●内容
数理マルクス経済学の可能性／分析の幅を広げるゲーム理論／動学的一般均衡モデルの現在地／動的最適化問題の解法 Season.1／動的最適化問題の解法 Season.2／数理マルクスモデルの真骨頂／時間選好率と再帰的効用あれこれ／クールノーモデルでゲーム理論を総覧

永田 雅宜 著
A5判／236 頁
定価（本体 3,000 円＋税）
ISBN978-4-7687-0674-9

現数Lecture Vol.7
エレガントな 大学入試数学問題解法集（上）

入試の良問を通じて数学の根源に迫り，創造的解法と楽しさを伝える演習書．高校生・大学生・数学愛好者に最適の一冊．
※本書は 2009 年に刊行された『エレガントな入試問題解法集・上』のリメイク版です．

●内容
エレガントに解く個数の処理の問題／有名な代数式の問題／2 次曲線関する問題／最大・最小の問題／軌跡に関する問題／初等幾何学の面白さ／　他

石谷 茂 著
A5判／360 頁
定価（本体 3,800 円＋税）
ISBN978-4-7687-0675-6

新装版
大学院への代数学演習

本書は，大学院において数学を専攻しようとする学生のために執筆された参考書である．数学の全領域を扱うことは範囲が広すぎるため，対象を代数学，より具体的には群論・環論・体論に絞って構成している．代数学の基礎的理解を確実にしつつ，思考力を要する問題への対応力も養うことを意図している．

●内容
群の位数と指数／群の位数による型の決定／指数 2 と素数位数の特殊性／置換群／アーベル群／群の準同型，自己同型／行列群／ガロア理論／円分体／多項式のガロア群　他

🏛 現代数学社　〒606-8425　京都市左京区鹿ヶ谷西寺ノ前町1番地
TEL：075(751)0727　FAX：075(744)0906

雑誌13617-09